VITAMINA D
LE VERITA' NASCOSTE

SCOPRI I SUOI SEGRETI

E TORNA A VIVERE IN SALUTE

di Oscar Mazzoleni

CONTENUTI

Introduzione — pag. 4

1 Cos'e' la Vitamina D — pag. 9

2 Scopri se sei carente — pag. 15

3 Assumere la giusta quantita' — pag. 22

4 Il segreto per farla lavorare al meglio — pag. 28

5 Il sole: istruzioni per l'uso — pag. 33

6 La Vitamina D e la dieta — pag. 37

7 Vitamina D e malattie moderne — pag. 41

8 La Vitamina D e i bambini — pag. 78

9 7 regole d'oro — pag. 84

Conclusione — pag. 87

INTRODUZIONE

Sono sempre stato una persona curiosa. Negli ultimi 3 anni ho avuto modo di approfondire numerose tematiche legate al mondo dell'alimentazione e del benessere. Ho infatti scoperto che esiste un mondo "sommerso" di studi e ricerche scientifiche, condotte da team di studiosi delle più prestigiose università al mondo, che per qualche motivo non giungono fino al grande pubblico, spesso queste informazioni sono addirittura in contrapposizione con quanto viene diffuso dai principali mezzi di informazione. Devo dire che questa cosa mi ha un pò spaventato. Mi sono infatti reso conto di quanto possa essere dannoso subire le informazioni che ci vengono comodamente servite ogni giorno senza cercare di andare più in profondità. Ci sono migliaia di studi, di dominio pubblico, che vengono puntualmente ignorati dai maggiori organi di informazione, perché questi ultimi tendono spesso a privilegiare le notizie in grado di fare più presa sul pubblico e che non vadano a minare troppo le nostre convinzioni. Questo meccanismo ci porta a rimanere nella nostra "comfort-zone" fatta di certezze acquisite con il rischio di farci chiudere gli occhi verso tutto ciò che ci appare come nuovo o inconsueto. Il rischio maggiore è quello di non venire a conoscenza di nuove informazioni che potrebbero avere grande impatto sulla nostra vita e sulla nostra salute.

Tra i vari aspetti che ho voluto approfondire mi ha da subito colpito il ruolo straordinario che la Vitamina D può ricoprire nel mantenimento del nostro benessere, tanto da decidere di scrivere questo libro, nell'intento di raccontare nel modo più semplice e completo possibile le sue incredibili virtù. Questa vitamina, che come vedremo in seguito è in realtà un ormone, ha una storia antica, ed è coinvolta in una moltitudine di processi vitali che regolano il nostro organismo e condizionano la nostra salute. Conoscerla e saperla sfruttare al meglio può letteralmente dare una svolta al nostro benessere. Negli ultimi anni gli studi sul ruolo della vitamina D si stanno moltiplicando, la medicina sta fortunatamente intuendo il suo incredibile potenziale, rimasto per troppo tempo celato o sottostimato.

A CHI E' RIVOLTO QUESTO LIBRO?

Durante il mio lavoro di studio e approfondimento ho cominciato a scoprire alcune verità che per me erano state finora nascoste. Più andavo avanti nella ricerca e più ne trovavo. Spesso mi accorgevo che quello che leggevo, pur provenendo da pubblicazioni scientifiche consultabili da chiunque, era in netto contrasto con quello che mi veniva raccomandato dal mio medico curante. Credo che in questa fase storica questo sia abbastanza normale. Le ricerche e le verità che possono cambiare il nostro stato di salute sono ormai alla portata di tutti. Ci sono già migliaia di studi che attestano l'efficacia della vitamina D nel prevenire e coadiuvare la cura di decine di patologie del nostro tempo. Purtroppo però i protocolli ufficiali seguiti dagli specialisti e soprattutto dai medici di famiglia, sono fermi a 30 anni fa. Manca totalmente la percezione di quanto viene quotidianamente scoperto attraverso le nuove ricerche e le intuizioni dei ricercatori. E' vero del resto che i protocolli medici, quelli che poi saranno applicati per la cura di milioni di pazienti, hanno bisogno di tempo per recepire le nuove evidenze. Noi ci troviamo in una fase transitoria tra il vecchio approccio a determinate tematiche (tra cui l'utilizzo della vitamina D) e i risultati dei nuovi studi. Credo che in questo momento sia fondamentare saper andare alla ricerca (anche in autonomia) di nuove informazioni e di nuove verità, perché probabilmente quando saranno largamente applicate potrebbe essere troppo tardi.

Ecco, questo piccolo libro è rivolto ha chi ha voglia di andare oltre i dogmi che ci vengono imposti e provare, anche solo per curiosità, a osservare la realtà in modo diverso. Abbiamo l'occasione di informarci, sfruttiamola! Attraverso questo libro cercherò di trasmetterti delle informazioni che potrai utilizzare per iniziare già da oggi a prenderti cura di te stesso e della tua salute, attraverso una nuova consapevolezza. Quando avrai terminato, parlane anche con il tuo medico.

COSA TROVERAI IN QUESTO LIBRO?

Con questo libro scoprirai tutto quello che è necessario sapere sulla Vitamina D per poterne sfruttare le proprietà e godere dei suoi benefici.

Inizieremo a conoscerla meglio, vedremo come il nostro corpo è in grado di produrla e da quale fonti possiamo procurarcela. Scoprirai poi quanta ne dovrai assumere e con quali modalità per evitare di cadere in una pericolosa carenza. Ti parlerò dell'apporto che ci può fornire la nostra dieta e scoprirai il ruolo del sole, fonte per eccellenza di vitamina D. Cercherò infine di darti una panoramica su alcuni degli studi che hanno dimostrato la capacità della Vitamina D di intervenite sulla prevenzione e spesso sulla remissione di patologie come osteoporosi, sclerosi multipla, diabete, morbo di Crohn, psoriasi, malattie cardiovascolari, varie forme di tumori, deficit immunitari, depressione, asma, ecc. Tratteremo in un capitolo a parte di come anche i bambini possono e devono beneficiare della vitamina D e con quali modalità. Infine ti lascerò un piccolo vademecum riassuntivo con le 7 regole d'oro per ottenere il massimo dei risultati.

Cominciamo subito questo meraviglioso viaggio attraverso i segreti della Vitamina D

1 COS'E' LA VITAMINA D

La storia moderna della vitamina D risale al 1919, quando il fisico e farmacista inglese Edward Mellanby notò il legame tra la comparsa del rachitismo e la carenza di una sostanza contenuta nell'olio di fegato di merluzzo. Pochi anni dopo il biochimico Elmer Mc Collum identificò questa sostanza come la Vitamina D, sottolineandone il ruolo chiave nel corretto metabolismo delle ossa. Ma fu nel 1930 che il premio Nobel Adolf Otto Reinholds Windaus ne identificò la struttura molecolare.

La storia antica della vitamina D risale invece alla preistoria.

I nostri antenati infatti hanno vissuto per milioni di anni nel continente africano, nei territori sud-sahariani, vivendo gran parte della giornata all'aperto sotto i raggi del sole. L'uomo aveva sviluppato un meccanismo fotosintetico attraverso il quale riusciva a produrre grandi quantità di vitamina

D dal sole. L'evoluzione ha fatto sì che il corpo assumesse una pigmentazione più scura in modo da limitare l'assorbimento di raggi UVB e mantenere livelli di vitamina D ottimali. Circa 60000 anni fa (ma secondo le ultime evidenze 120000) l'uomo ha iniziato a spostarsi in zone lontane dalla fascia equatoriale. Questa migrazione ha causato un profondo cambiamento evolutivo: i gruppi di uomini che si stabilizzarono nei territori del nord persero la pigmentazione scura, svilupparono una carnagione tanto più chiara quanto più a nord si trovavano. In questo modo veniva massimizzato l'assorbimento di Vitamina D attraverso l'esposizione ai raggi del sole, poiché veniva a mancare lo scudo protettivo dato dalla pigmentazione scura. Un caso particolare fu rappresentato dal popolo eschimese che mantenne una pelle più scura; va però ricordato che la loro migrazione dall'Asia iniziò solo 6000 anni fa, e che la loro dieta è prevalentemente a base di pesce grasso, ricco di vitamina D.

Appare chiaro che il nostro corpo, da un punto di vista biologico ed evolutivo, è "progettato" per beneficiare dell'esposizione al sole. Oggi sappiamo che il più vitale di questi benefici, quello che ha spinto il nostro corpo a cambiare per non rischiare di perderlo, si chiama Vitamina D

MA COS'E' LA VITAMINA D?

Quando si parla di Vitamina D in realtà ci si riferisce ad un gruppo di pro-ormoni immunoregolatori di cui la vitamina D3 (calciferolo) è naturalmente presente nei mammiferi e la vitamina D2 (ergocalciferolo) deriva da fonti vegetali. Gli studi sulle proprietà e gli utilizzi della vitamina D sono al momento circa 72000. Per anni le si è attribuito il solo compito di coadiuvare le terapie per la cura dell'osteoporosi e prima ancora del rachitismo: la vitamina D è infatti universalmente nota per il suo ruolo nel metabolismo del calcio nelle ossa. Ma ultimamente la comunità scientifica ha cominciato ad intuire il ruolo chiave che può rivestire, a più livelli, nel mantenimento della nostra salute. La vitamina D riesce infatti a legarsi ad oltre 2200 recettori presenti in ogni nostra cellula, tessuto e organo, determinandone lo stato di salute e condizionando importanti funzioni tra cui l'attivazione del sistema immunitario, la regolazione dell'insulina, della funzione muscolare, del sistema nervoso e della duplicazione cellulare. A livello genetico recenti studi hanno dimostrato che la Vitamina D è in grado di regolare il 3% del DNA umano influenzando ben 229 dei nostri geni tra cui quelli correlati a malattie come la sclerosi multipla, il diabete di tipo 1 e il morbo di Crohn. Con il passare degli anni e l'aumentare degli studi clinici, è sempre più evidente come la Vitamina D sia una sostanza a dir poco straordinaria e dall'incredibile potenziale: nessuna delle nostre cellule è esclusa dai benefici che può portare la sua presenza, e dai danni che può arrecare una sua mancanza. Basti pensare che oggi sappiamo che esistono dei ricettori (detti VDR) che si legano alla vitamina D all'interno dei seguenti tessuti: tessuto adiposo, surrene, cuore, endotelio portico, cervello, cellula pancreatiche, ghiandola mammaria, paratiroide, cellule neoplastiche paratiroide, ipofisi, colon, placenta, ovaio, prostata, epididimo, retina, follicolo pilifero, cellule interinali, stomaco, reni, testicolo, fegato, polmone, tiroide. La vitamina D interagisce con questi tessuti regolandone risposta immunitaria, crescita e differenziazione cellulare, produzione di insulina, trasformazione neoplastica, controllo del sistema nervoso, ecc.

La presa di coscienza sull'impatto che l'utilizzo consapevole di questo pro-ormone può avere sulla nostra salute potrebbe essere una svolta epocale nell'approccio alla cura e alla prevenzione di numerosi malattie del nostro tempo. Purtroppo i protocolli medici e l'informazione specializzata continuano a fornire una rappresentazione estremamente riduttiva e ormai superata di questa sostanza. Non dimentichiamoci che stiamo parlando di una molecola a basso costo, non brevettabile e mutabile.

Purtroppo i dogmi della classe medica fanno sì che il nostro medico di base continui a prescrivere vitamina D solo ai bambini (per prevenire il rachitismo) e agli anziani (per contrastare l'osteoporosi), ignorando di fatto gran parte delle indicazioni provenienti da migliaia di studi clinici svolti negli ultimi 15 anni, ma che ancora tardano a trovare posto tra i protocolli ufficiali di cura.

DA DOVE PROVIENE E COME LA ASSORBIAMO?

In natura il 90 % della vitamina D assorbita dal nostro organismo deriva dall'esposizione alla luce ultravioletta del sole, mentre solo il 10 % viene assunta con il cibo. La quota assunta con la dieta si suddivide in vitamina D2 (ergocalciferolo) proveniente da alimenti di origine vegetale e vitamina D3 (colecalciferolo) proveniente da alimenti di origine animale. La vitamina prodotta dall'esposizione al sole è invece quella di tipo D3 e viene sintetizzata a livello delle cellule della pelle (cheratinociti) che utilizzano i raggi UVB per convertire il deidrocolesterolo in, appunto, vitamina D3.

Sia la D2 che la D3 sono forme inattive, è pertanto necessario che vengano attivate per poter essere utilizzate dal corpo. Colecalciferolo (D3) e ergocalciferolo (D2) vengono quindi trasportate nel fegato dove avviene una reazione di idrossilazione con formazione di 25-idrossicolecalciferolo [25(OH)D] la componente parzialmente attiva (quella rilevabile nei nostri esami del sangue). Per essere utilizzata dal nostro corpo c'è bisogno di un ulteriore processo enzimatico a livello dei reni che dà origine all' 1,25-diidrossicolecalciferolo [1,25(OH)D] (calcitriolo) o vitamina D attiva.

Il buon esito di quest'ultimo fondamentale processo di trasformazione dipende dalla cosiddetta calcemia, ovvero la presenza di calcio nel siero del sangue. La calcemia viene regolata da 2 ormoni prodotti dalla tiroide: il paratormone (PTH) e la calcitonina. La carenza di calcio attiverà il rilascio di Paratormone che stimolerà la trasformazione della vitamina D inattiva nella sua forma attiva (calcitriolo) mentre l'eccesso di calcio lascerà la vitamina D nella sua forma inattiva (colecalciferolo). E' quindi importante che la quantità di calcio che abbiamo nel sangue sia all'interno del giusto intervallo per poter essere sicuri che la vitamina D che assumiamo sia poi effettivamente utilizzabile dal nostro corpo.

2 SCOPRI SE SEI CARENTE

Si stima che circa l'80% della popolazione americana ed europea (soprattutto nei paesi nordici e sopratutto in inverno) soffra di carenza di Vitamina D. La causa principale di questo fenomeno va ricercata nella poca esposizione alla luce solare a cui ormai siamo costretti. L'uomo è infatti "progettato" e si è evoluto per vivere all'aria aperta.

Oggi le nostre abitudini di vita sono cambiate: siamo sedentari, passiamo la giornata a lavorare in luoghi chiusi e andiamo a lavorare nel chiuso delle nostre automobili. Spesso scegliamo di trascorrere il nostro tempo libero in casa, o in centri commerciali, ristoranti, cinema, palestre, ecc. Inoltre lo smog delle nostre città è un ulteriore schermo tra noi e le radiazioni ultraviolette che ci permettono di produrre la gran parte della preziosa vitamina D di cui avremmo bisogno. Durante l'estate l'utilizzo eccessivo delle creme solari ad alta protezione ci toglie anche l'ultima occasione per poterla assorbire in modo efficace. Va inoltre considerato, come vedremo in seguito, che la vitamina D non si accumula nel corpo, nel giro di 2-3 settimane la scorta fatta durante i mesi estivi andrà inesorabilmente persa. Inoltre l'incidenza dell'obesità, dovuta ad un alimentazione scorretta e ad alto contenuto di zuccheri, sta crescendo anno dopo anno. Il grasso sottocutaneo è infatti un ostacolo all'assorbimento di vitamina D in quanto le cellule adipose trattengono la vitamina impedendo al corpo di utilizzarla. Le persone obese si trovano quindi in una situazione di potenziale carenza ancora più marcata. Anche i bambini purtroppo non si trovano in una situazione migliore: non giocano più all'aria aperta, preferendo tv e videogame e hanno spesso un alimentazione ricca di cibo spazzatura. Il risultato è che i tassi di carenza tra bambini e pre adolescenti sfiorano il 90%. Un dato allarmante che si accompagna ad un aumento significativo dell'incidenza di malattie metaboliche, ipertensione e insulinoresistenza. Purtroppo la normale alimentazione da sola non è in grado di sopperire a tale mancanza dal momento che con il cibo riusciamo a far fronte a circa il 10% del nostro reale fabbisogno giornaliero.

Va inoltre ricordato che anche l'età gioca un ruolo fondamentale nella capacità di assorbire la Vitamina D. Si è visto infatti che i giovani la assorbono molto più velocemente rispetto agli anziani che invece hanno più difficoltà ad immagazzinarne la giusta quantità. É quindi ragionevole che gli anziani si trovino nella condizione di dover provvedere ad una adeguata integrazione di Vitamina D.

PRIMI SINTOMI DI UNA CARENZA

La Vitamina D, attraverso i suoi recettori, regola la funzionalità di diversi geni, cellule e tessuti del nostro corpo. Come abbiamo accennato la vitamina D (e quindi la sua carenza) è in grado di modificare il metabolismo cellulare a diversi livelli: da quello immunitario, a quello endocrino, plastico e nervoso. Per questo motivo risulta abbastanza difficile individuare degli specifici sintomi da carenza.

Intorno alla metà del '700 la comparsa del rachitismo nei bambini fu messa in relazione al lavoro nel buio delle miniere di carbone che impediva l'esposizione al sole per lunghi mesi. Al giorno d'oggi si possono comunque annoverare tra i più comuni sintomi iniziali da carenza: ossa fragili, unghie e capelli fragili, stanchezza cronica, maggior suscettibilità alle infezioni, disordini affettivi, problemi di umore, frequenti mal di testa, dolori articolari, problemi di concentrazione, ecc.

I sintomi appena elencati, oltre ad essere assimilabili a quelli delle più varie patologie, purtroppo sono solo la punta dell'iceberg. Andrebbero considerati come un primo campanello d'allarme. Infatti la carenza di Vitamina D protratta nel tempo può dar luogo a squilibri talmente gravi da aprire la strada a diverse patologie tra cui: malattie autoimmuni, ipertensione, diabete, varie forme di cancro, oltre ad essere correlata con malattie neuro-degenerative come il morbo di Alzheimer e il morbo di Parkinson. Affronteremo in seguito le evidenze scientifiche sul ruolo della vitamina D nella prevenzione e nel trattamento di queste ed altre malattie.

La buona notizia è che puoi verificare sin da oggi un eventuale carenza attraverso un semplice prelievo di sangue.

ESAMI DEL SANGUE E VALORI DI RIFERIMENTO

I medici tendono a prescrivere il dosaggio della vitamina D 25(OH) ai bambini (che sono in fase di crescita ossea) e agli anziani (per prevenire l'eventuale comparsa dell'osteoporosi). Purtroppo così facendo viene quotidianamente sprecata l'occasione di compiere una vera e propria azione di prevenzione primaria sulla popolazione. L'esame per il dosaggio della vitamina D nel sangue andrebbe fatto da tutti. É consigliabile effettuarlo almeno 2-3 volte l'anno per avere sempre i valori sotto controllo e per andare eventualmente ad integrare, come vedremo in seguito, in maniera consapevole. Se vuoi un consiglio, fatti prescrivere questo esame dal tuo medico di base! Potrebbe andarne della tua salute. Nel caso il tuo medico non reputasse necessario farti eseguire l'esame, potrai sempre rivolgerti privatamente ad un laboratorio di analisi. Cerca di vedere la maggiore spesa che andrai a sostenere come un vero e proprio investimento sul tuo benessere.

Una volta ritirati gli esami troverai accanto ai risultati dei valori di riferimento. In Italia generalmente l'intervallo di normalità è indicato tra 30 e 100 ng/ml, mentre valori sotto i 30 ng/ml sono considerati insufficienti. Quello che lascia perplessi è che l'intervallo considerato "normale" sia così ampio. Nonostante questo diversi medici stanno iniziando a consigliare ai propri pazienti di raggiungere, attraverso l'integrazione, un livello di Vitamina D di almeno 60-70 ng/ml, da portare a 70-80 in caso di patologie autoimmuni. Il motivo di questa discrepanza è semplice: la medicina "ufficiale" considera livelli ematici superiori a 30 ng/ml sufficienti per spergiurare il pericolo del rachitismo e l'osteopenia, ma continua tuttora a non considerare le straordinarie virtù della vitamina D come regolatore del sistema immunitario, endocrino, muscolare e nervoso. Per ottenere tali effetti è però necessario che la concentrazione minima del sangue sia sensibilmente più elevata di quanto raccomandato. Se per assicurarti un giusto metabolismo del calcio nelle ossa può essere sufficiente avere un livello di 30 ng/ml, per far in modo che la vitamina agisca anche, ad esempio, a livello immunitario il livello corretto deve essere di almeno 60-70 ng/ml.

Nello schema seguente ho riportato i valori generalmente indicati dalle linee guida completandoli con le concentrazioni ottimali all'interno del range che va tra i 30 e i 80 ng/ml.

VALORI	SIGNIFICATO CLINICO
0-30 ng/ml	INSUFFICENZA
30-100 ng/ml	SUFFICENZA
60-70 ng/ml	VALORE OTTIMALE IN PERSONE SANE
70-80 ng/ml	VALORE OTTIMALE CON PATOLOGIE AUTOIMMUNI
Oltre i 100 ng/ml	POSSIBILE TOSSICITÀ'

Abbiamo detto che l'assorbimento di Vitamina D è fortemente condizionato dalla presenza di calcio nel siero del sangue (calcemia) e che questa viene regolata dall'attività del Paratormone (PTH) prodotto dalle ghiandole paratiroidee. I livelli di Paratormone sono inversamente proporzionati ai livelli di vitamina D nel sangue. Al diminuire della vitamina D si assiste ad un aumento del Paratormone.

Diventa quindi importante includere tra gli esami del sangue anche il dosaggio del Paratormone e la determinazione della calcemia. La vitamina D infatti regola l'assorbimento del calcio a livello intestinale, ne consegue che un basso livello di calcio nel sangue attiverà il paratormone che stimolerà la produzione di vitamina D in forma attiva che aumenterà l'assorbimento del calcio. Il range di normalità del paratormone è 10 - 60 pg/mL.

Per ottimizzare l'assorbimento di Vitamina D è preferibile che i valori di Paratormone si attestino intorno al livello minimo di 10 (senza scendere sotto tale livello). Per fare questo è possibile aumentare l'assunzione di vitamina D che avrà come risultato l'abbassamento del paratormone e ripetere gli esami, insieme al dosaggio della vitamina D, ogni 3-4 mesi.

L'esame della calcemia ci fornirà il quadro generale del quantitativo di calcio presente nel sangue; sarà il risultato del gioco di equilibrio tra la vitamina D ed il paratormone e ci indicherà il grado di efficenza del nostro metabolismo del calcio.

L'intervallo di normalità della calcemia è 8,5 - 10,5 mg/dl.

3 ASSUMERE LA GIUSTA QUANTITÀ'

Arrivato a questo punto ti sarà chiaro che per poterti garantire un apporto di vitamina D sufficiente dovrai affidarti all'integrazione. La possibilità di utilizzare integratori di cui conosciamo l'esatto dosaggio è una grande opportunità del nostro tempo. Non riuscendo infatti ad assicurarci un esposizione solare adeguata, e non potendo sopperire adeguatamente con gli alimenti in quanto ne sono troppo poveri, l'integrazione rimane una soluzione sicura e alla portata di tutti. In commercio esistono diverse forme di integratori, tutte di facile reperibilità, e acquistabili senza bisogno di ricetta medica. Vediamo ora cosa dobbiamo considerare prima di procedere.

Parlando di integrazione di vitamina D mi riferirò sempre alla Vitamina D3 (colecalciferolo) contenuta nei comuni integratori in commercio.

FABBISOGNO GIORNALIERO

Se cerchi informazioni riguardo il fabbisogno di Vitamina D ti troverai probabilmente bombardato da informazioni, spesso discordanti. Il medico di base ti dirà una cosa, l'articolo di giornale un'altra e l'articolo di un blog un'altra ancora. La confusione riguardo questo importante elemento deriva in gran parte dalla stessa comunità scientifica. L'attuale dose giornaliera (RDA) di 600-800 UI (RDA) generalmente raccomandata dai medici di base in Italia, risulta essere insufficiente secondo diversi recenti studi sull'argomento.

Fino a qualche anno fa, ad esempio, l'Endocrine Society raccomandava di integrare con 400-1000 UI/die nei bambini al di sotto di un anno di età, di 600-1000 UI/die nei bambini maggiori di un anno e 1500-2000 UI/die negli adulti. La stessa Endocrine Society indicava però come limite massimo giornaliero 10000 UI.

Nel 2015 uno studio delle Università di UC San Diego e Creighton ha dimostrato che questi valori sono decisamente inferiori a quelli realmente necessari al corpo umano. Gli autori della ricerca affermano infatti che il livello di assunzione giornaliero ritenuto sicuro e raccomandabile per ragazzi ed adulti è di 10.000 UI al giorno.

Il Dott. Coimbra, autore del famoso protocollo per la cura delle malattie autoimmuni con alte dosi di vitamina D, afferma senza dubbio che 10.000 UI al giorno non possono causare alcun rischio. Dosi più elevate possono essere utilizzate a scopo terapeutico, ma solo sotto stretto controllo medico a causa del rischio di incorrere in iper-calcemia.

Uno studio pubblicato nel 2007 dalla rivista "American Journal of Clinical Nutrition" afferma che "l'assenza di tossicità nei trials condotti in adulti sani che hanno preso dosi di vitamina D3 pari a 10.000 UI supporta l'utilizzo sicuro di integratori con questo dosaggio come limite superiore di assunzione giornaliero tollerabile.

Va ricordato che la dose di 10000 UI al giorno è quello che il nostro corpo riesce a produrre esponendosi al sole per 30 minuti in Estate nelle ore centrali ed è quindi da considerarsi come una dose fisiologica.

In letteratura scientifica non si sono evidenziati casi di tossicità a dosaggi sotto le 30.000 UI al giorno e con una quantità nel sangue inferiore a 200 ng/ml. Uno studio del National Institute of Heath denominato Rochester Epidemiology Project svolto nell'arco di 10 anni su oltre 20000 pazienti che assumevano alte dosi di vitamina D, ha evidenziato un solo caso di tossicità in un soggetto che presentava livelli ematici di 364 ng/ml. Il soggetto in questione assumeva 50.000 UI al giorno di vitamina D da circa 3 mesi.

Voglio però sottolineare l'importanza di calibrare l'integrazione in base alla tua situazione personale e, comunque, di affrontare la questione con il tuo medico curante. E' fondamentale eseguire gli esami del sangue sia prima di iniziare ad integrare sia durante l'integrazione stessa. In questo modo ti renderai conto del tuo reale fabbisogno e di come l'integrazione che andrai a fare inciderà sui risultati delle tue analisi.

Ci sono inoltre alcune condizioni patologiche tra cui ipercalcemia, insufficienza renale, iperparatiroidismo primitivo e l'ipertiroidismo per le quali è importante non eccedere con il dosaggio in quanto potrebbero venirsi a creare dei gravi scompensi. A maggior ragione in questi casi il consiglio é quello di agire in accordo con il tuo medico curante.

Quello che segue è il mio personale piano di integrazione

Faccio gli esami del sangue, se il valore di D (25(OH)D risulta inferiore a 10-15 ng/ml integro con 10000 UI al giorno fino al raggiungimento dei 60-70 ng/ml, a quel punto procedo con una dose di mantenimento di 5000 UI/giorno. Se il valore di partenza è sopra i 15-20 ng/ml inizio con un integrazione di 5000 UI/giorno e dopo 3 mesi verifico il livello attraverso gli esami del sangue. Personalmente ripeto gli esami ogni 3-4 mesi

COME ASSUMERLA?

Una volta scoperto il tuo valore di Vitamina D nel sangue e stabilito quante unità giornaliere assumere è finalmente giunto il momento di passare all'azione!
Per prima cosa devi sapere che la vitamina D che assumi con gli integratori ha un periodo di "latenza". Per poter iniziare a svolgere il suo lavoro a livello sistemico e immunitario ha bisogno di un periodo che può variare dalle 2 settimane ai 2 mesi. Quindi non perdere tempo!

La seconda cosa molto importante da tenere in mente è che l'emi-vita della vitamina D che assumiamo (colecalciferolo) è di circa 24 ore. Questo significa che se prendi 10000 UI oggi, domani il tuo corpo ne avrà a disposizione 5000, tra 2 giorni 2500 e così via. Una volta compreso questo meccanismo risulta chiaro che la supplementazione deve essere fatta ogni singolo giorno. Non ha alcun senso assumere alte dosi (50.000/100.000 UI) settimanalmente o mensilmente, come spesso viene prescritto dai medici, in quanto dopo il primo innalzamento del valore ci ritroveremmo nel giro di pochi giorni al punto di partenza.

La vitamina D è una vitamina liposolubile, è quindi preferibile assumerla al termine di un pasto, magari ricco di grassi, o comunque a stomaco pieno. Questo ne faciliterà l'assorbimento.

Per quanto riguarda le tipologie di integratori in commercio esistono diverse soluzione: dalle pasticche, alla polvere, dalle perle alle gocce. La miglior forma farmaceutica attualmente disponibile é rappresentata dalle gocce in quanto la vitamina D è disciolta attraverso l'olio vegetale che ne facilita l'assorbimento. Come seconda scelta puoi optare per le perle (softgel), generalmente prive di additivi e sicuramente più pratiche. Personalmente eviterei le pasticche in quanto ricche di inutili eccipienti, coloranti ed additivi.

4 IL SEGRETO PER FARLA LAVORARE AL MEGLIO

L'assunzione quotidiana di vitamina D ci può garantire uno stato di salute sicuramente più efficiente e metterci al riparo da diverse patologie. Prendendo però qualche ulteriore piccolo accorgimento, e facendolo diventare un' abitudine quotidiana, potrai ottenere veramente il massimo. Ci sono infatti altre 2 sostanze che lavorano a stretto contatto con la vitamina D potenziandone l'effetto. Andiamo a conoscerle meglio:

IL MAGNESIO

Le proprietà benefiche del magnesio sono note da anni. Sappiamo infatti che è in grado di equilibrare il sistema nervoso, svolge un' azione sedativa e calmante, riduce i livelli di adrenalina da stress, ha potere calmante sui crampi muscolari, è utile in caso di stipsi ed è un regolatore del muscolo cardiaco.

Qui però voglio parlarti di come sia coinvolto nel potenziare l'efficacia della nostra ormai cara vitamina D.

Un recente tudio americano del National Health and Nutrition Examination Survey svolto su oltre 12.000 soggetti ha evidenziato come il magnesio sia un importante co-fattore nella sintesi della vitamina D e di come entrambi siano estremamente utili nel ridurre la mortalità da malattie cardiovascolari e tumori. Il magnesio entra in gioco nei passaggi biochimici, a livello epatico e renale, durante la sintesi della vitamina D, oltre che nella sintesi del paratormone. Il magnesio è inoltre responsabile della produzione della proteina trasportatrice della vitamina D chiamata VDBP. Questo importante studio conclude affermando che i benefici apportati dalla supplementazione di Vitamina D, in termini di riduzione della mortalità, possono essere significativamente compromessi da un eventuale carenza di Magnesio.

Alla luce di questo studio appare chiaro quanto sia importante evitare di incorrere in una carenza di questo importante minerale. Sarebbe un peccato aver prestato tanta attenzione per assicurarci un apporto ottimale di Vitamina D per poi scoprire di non riuscire a sfruttarne l'interno potenziale.

Possiamo assumere discrete quantità di magnesio

già attraverso la dieta: gli alimenti che ne sono più ricchi sono i semi di zucca, le mandorle, i fichi, i pistacchi, le noci, i legumi, il cacao, il riso, i carciofi. E' comunque consigliabile un integrazione: il dosaggio giornaliero raccomandato di magnesio elementare è di 400 mg/giorno per gli uomini e di 300 mg/giorno per le donne.

LA VITAMINA K2

Si tratta di una vitamina relativamente recente. Infatti la vitamina K fu scoperta nel 1929 dal danese Henrik Dam il quale osservò che quando i pulcini venivano alimentati con una dieta completamente priva di grassi, la coagulazione del loro sangue ne veniva compromessa, provocando sanguinanti ed emorragie. Ne dedusse quindi che la mancanza di grassi causava la carenza di un composto necessario per la coagulazione del sangue. Questo composto venne denominato "koagulation vitamin", che poi prese il nome di vitamina K. Negli anni successivi venne isolata la forma denominata K2, che agendo in particolar modo sulla protrombina, detta fattore II, possedeva la straordinaria capacità di rimuovere il calcio depositato nei vasi sanguigni e indirizzarlo verso il tessuto osseo. La forma sintetica della vitamina K2 fu ottenuta solo nel 1958. Ma cosa ha a che fare con la Vitamina D?

La vitamina K2 in realtà gioca un ruolo di strettissima collaborazione con la Vitamina D. Infatti quest'ultima promuove l'assorbimento del calcio a livello del sangue. E' però fondamentale evitare che il calcio in circolo possa andare a calcificare i tessuti formando, ad esempio, le placche arteriosclerotiche che restringendo il lume dei vasi, possono dare origine a problemi cardiovascolari. La vitamina K2, attraverso l'attivazione della matrice GLA proteica, è in grado di mobilizzare il calcio dalle arterie e dai tessuti molli e riportarlo correttamente nel tessuto osseo, evitando quindi calcificazioni vasali e osteoporosi. In sostanza agisce come un vigile che ha il compito di far defluire il traffico di calcio verso le ossa, evitando che si formino degli ingorghi...nelle nostre arterie.

Tra le varie forme di Vitamina K2 quella più efficiente per svolgere questo compito è la Vitamina K2mk7. Infatti si è visto essere la forma di vitamina K che riesce a rimanere attiva più a lungo nel sangue: circa 2-3 giorni, contro le poche ore delle altre forme attive. L'alimentazione moderna è piuttosto povera di questo prezioso elemento (si trova nelle carni di animali allevati al pascolo, in alcuni formaggi fermentati e nella soia fermentata), è quindi preferibile affidarsi ad una giusta integrazione. Gli integratori di Vitamina K2MK7 in commercio sono quasi tutti ottenuti dal Natto, un antica ricetta giapponese a base di fagioli di soia fermentati.

L'integrazione giornaliera consigliata è di 180 Mcg/giorno. E' preferibile assumerla insieme ad un pasto abbondante in quanto, come la vitamina D, la vitamina K2 è liposolubile.

Un ultimo consiglio che ti dò è quello di distanziare l'assunzione della vitamina K dalla vitamina D di almeno 8 ore: infatti è stato evidenziato che le due sostanze utilizzano gli stessi canali di assorbimento, e quindi assumerle insieme potrebbe comportare un assimilazione non ottimale.

5 IL SOLE: ISTRUZIONI PER L'USO

Come abbiamo visto l'esposizione al sole è il metodo che il nostro corpo predilige per far fronte al proprio fabbisogno di Vitamina D. Abbiamo anche visto che purtroppo la vita moderna ci costringe a trascorrere la quasi totalità del nostro tempo in luoghi chiusi. Questa circostanza ci sta portando ad una carenza pressoché globalizzata con ripercussioni molto gravi sulla salute pubblica. In questo capitolo cercherò di chiarire alcuni concetti che è opportuno tenere a mente per poter godere a pieno della luce solare e delle sue meravigliose proprietà terapeutiche.

La vitamina D viene prodotta in modo più efficace durante il periodo primaverile-estivo, principalmente nelle ore centrali della giornata, indicativamente tra le 11 e le 15. E' quindi consigliabile esporsi al sole in questa fascia oraria in quanto la radiazione corta dei raggi UVB colpisce la pelle in maniera più intensa dando il via al processo che trasformerà la molecola di colesterolo in vitamina D attiva (come abbiamo visto all'inizio di questo libro). Fuori da questa fascia oraria il sole è basso all'orizzonte ed emana principalmente raggi UVA che non hanno invece la capacità di stimolare a sufficienza la produzione di vitamina D.

La vitamina D viene prodotta quando il sole è almeno a 35° di altezza dall'orizzonte. Infatti le popolazioni che vivono nella fascia equatoriale del mondo possono produrre vitamina D durante tutto il corso dell'anno. In Italia purtroppo possiamo godere di queste condizioni favorevoli solo nel periodo che va mediamente da Aprile ad Ottobre. Ovviamente ci sono delle differenze tra Nord e Sud del paese, dove le regioni meridionali possono beneficiare di più giorni di sole con conseguente beneficio in termini di assunzione di Vitamina D. Secondo i dati presentati quest'anno dall'Associazione Italiana di Oncologia Medica il tasso di incidenza di tumori nel sud Italia rispetto al nord è stato più basso del 13% per gli uomini e del 16% per le donne, con differenze ancora più marcate tra le regioni all'estremo nord e quelle all'estremo sud.

L'utilizzo di creme solari è un grosso ostacolo alla formazione di vitamina D. Infatti contengono dei filtri che possono essere sia fisici (sostanze minerali inerti che riflettono i raggi del sole) che chimici (salicilati, oxybenzene, ecc) che assorbono l'energia dei raggi UV. In questo modo le radiazioni solari vengono in buona parte neutralizzate non riuscendo ad attivare la sintesi della Vitamina D.

Il Prof. Michael Holick, del Boston University Medical Center, in occasione del Congresso "Vitamina D e patologie del Metabolismo Osseo in Pediatria" svoltosi a Pisa il 17 maggio 2013 ha spiegato che una protezione solare con fattore 30 riduce la capacità di sintesi della vitamina D di circa il 95-98%.

La nostra pelle ha già un meccanismo di protezione che si chiama abbronzatura. Con l'abbronzatura l'epidermide si scurisce a causa del rilascio di melanina da parte delle cellule epiteliali in seguito all'irradiazione ultravioletta. Questa pigmentazione più scura ha il duplice scopo di proteggerti dall'eccessiva esposizione ai raggi UVB e conseguentemente diminuire la produzione di Vitamina D con l'avanzare del grado di abbronzatura. Le persone dalla pelle chiara hanno una produzione più rapida di Vitamina D, arrivando a produrne in estate circa 10000 UI (unità internazionali) nel giro di 30 minuti con un esposizione totale del corpo al sole (considerando una persona giovane, che non sia obesa e nella fascia oraria che va tra le 11 e le 15). Con la comparsa dell'abbronzatura, e quindi della melanina che farà da schermo, la produzione cala molto: una persona mediamente abbronzata o con la pelle scura può impiegare oltre 3 ore per produrre le stesse 10000 UI. Si tratta di un meccanismo evolutivo di autoregolazione del nostro corpo che fa in modo che la quantità di Vitamina D prodotta sia sempre in funzione dell'ambiente esterno in cui ci troviamo a vivere.

L'importante, per chi ha una carnagione chiara, è non scottarsi e prendere il sole con gradualità. Il mio consiglio è di esporre tutto il corpo al sole per i primi 2-3 giorni, senza superare il limite di 15 minuti per lato, senza utilizzare alcuna crema. La tua pelle deve essere leggermente arrossata. Dopo di che potrai aumentare gradualmente l'esposizione. E' importante anche la posizione in cui si prende il sole: stando sdraiati i raggi colpiscono la pelle di tutto il corpo in modo perpendicolare, concentrando l'efficacia dei raggi. Fare una passeggiata in riva al mare può essere romantico, ma non ha la stessa efficacia.

Si è notato inoltre che avere livelli adeguati di Vitamina D riduce sensibilmente il rischio di scottature durante l'Estate. L'ho provato sulla mia pelle e devo dire che funziona! Ho una carnagione piuttosto chiara e in estate mi sono sempre scottato, anche utilizzando creme solari. Negli ultimi 3 anni (cioè da quando ho cominciato ad integrare Vitamina D) non ho più avuto questo problema!

6 LA VITAMINA D E LA DIETA

Ormai ti sarà chiaro che nostra la fonte fondamentale di Vitamina D è rappresentata dal sole. Gli alimenti che siamo soliti consumare hanno infatti un quantitativo di vitamina D decisamente scarso. Inoltre l'agricoltura moderna e i metodi di allevamento intensivi del bestiame hanno contribuito ad impoverirne ulteriormente l'apporto.

Tuttavia mi fa piacere, al fine di fornirti una visione il più completa possibile dell'argomento, fare una breve carrellata sui cibi che presentano maggiori concentrazioni della nostra preziosa vitamina D.

- **Olio di fegato di Merluzzo**: contiene buone dosi di Vitamina D. Si è conquistato un posto d'onore nelle credenze delle nonne di tutto il paese. L'olio di fegato merluzzo veniva largamente utilizzato nel secolo scorso nella profilassi del rachitismo dei bambini e dell'osteoporosi degli adulti. L'olio è ottenuto da dal fegato fresco di alcune varietà di merluzzo, è di colore giallo e di un odore piuttosto sgradevole. *Il quantitativo di vitamina D è di 8500 UI/100 g*

• **Pesci grassi** (salmone, carpa, sgombro, ecc.): sono alimenti dalla spiccata presenza di acidi grassi Omega 3, Vitamina A, Vitamina B, Vitamina D e vari minerali quali Selenio, Iodio, Zinco e Fosforo. Per salvaguardare il più possibile l'apporto nutrizionale di questi prodotti è consigliabile preferire pesce selvaggio piuttosto che di allevamento. Negli allevamenti infatti viene somministrata una dieta volutamente squilibrata al fine di ottenere un accrescimento rapido a discapito del profilo nutrizionale della carne che, nel nostro caso, può arrivare a dimezzare l'apporto di vitamina D. *Il quantitativo di vitamina D è di 1000 UI/100 g*

• **Tuorlo d'uovo:** si tratta di un alimento straordinario per l'elevato apporto di proteine e sali minerali che riesce a fornire. Per quanto riguarda la Vitamina D bisogna distinguere tra uova di galline allevate all'aperto e uova provenienti da allevamenti intensivi. Questi ultimi infatti hanno concentrazioni fino a 4 volte inferiori. Ricordiamocene quindi al momento dell'acquisto. *Il quantitativo di vitamina D è di 300 UI/100 g*

• **Burro e formaggi grassi:** il contenuto di vitamina D di questi alimenti può variare sensibilmente da una stagione all'altra e a seconda dei metodi di allevamento del bestiame. Il burro e il formaggio prodotti in estate, magari da animali che si nutrono al pascolo, avrà concentrazioni di Vitamina D più elevate. *Il quantitativo di vitamina D è di 40 UI/100 g*

Quelli che abbiamo esaminato rappresentano un campione dei cibi che forniscono una quantità modesta o discreta di Vitamina D. Come avrai notato si tratta di alimenti di origine animale. Le persone che seguono un'alimentazione di tipo vegano hanno davvero poca scelta in quanto gli alimenti di origine vegetale sono scarsissimi o totalmente assenti in vitamina D. In questi cibi, quando è presente, la vitamina è presente nella forma D2, biologicamente molto meno attiva rispetto alla D3 presente nelle fonti animali. Tra gli alimenti di origine vegetale possiamo citare i funghi coltivati. Le analisi confermano che mediamente 100 grammi di funghi italiani contengono circa 400 UI di vitamina D2. I funghi, proprio come facciamo noi, sintetizzano la Vitamina D attraverso l'esposizione ai raggi solari.

Alla luce di questo breve excursus sui cibi maggiormente indicati è evidente come sia difficile ottenere un apporto sufficiente di Vitamina D attraverso l'alimentazione. Dovremmo, ad esempio, mangiare tra 500 grammi e 1 kg di salmone al giorno, tutti i giorni! Considerando i consumi medi italiani di uova, formaggio e pesci grassi il livello di assunzione quotidiano di vitamina D si attesta invece intorno alle 80-90 UI. Un valore totalmente insufficiente.

E quindi come possiamo fare per assicurare al nostro corpo il giusto quantitativo di questa incredibile sostanza e approfittare di tutti i suoi benefici? Abbiamo detto che per 6-8 mesi all'anno praticamente la nostra pelle non vede un raggio di sole, e che il cibo che mangiamo ne è incredibilmente povero. Fortunatamente esistono degli integratori (di cui abbiamo trattato nei capitoli precedenti) a cui possiamo affidarci tranquillamente e attraverso i quali potremo finalmente veder salire il valore del colecalciferolo nei nostri esami del sangue.

7 VITAMINA D E MALATTIE MODERNE

I In questo capitolo ti racconterò, con il supporto di studi che ho ricercato e approfondito, il ruolo che la Vitamina D ricopre e ricoprirà sempre di più nella prevenzione e cura di molte patologia della nostra epoca. Negli ultimi anni gli studi sul rapporto tra la carenza di vitamina D e la comparsa di numerose patologie si stanno moltiplicando. Comincia ad apparire evidente come dei buoni livelli ematici di questo ormone possano rafforzare il nostro corpo, metterci in condizione di farlo lavorare al meglio e conseguentemente attivare i nostri meccanismi di autoregolazione e di difesa nei confronti delle più comuni malattie del nostro tempo. Al contrario una sua prolungata carenza sembra essere causa della comparsa di numerose patologie, spesso molto gravi e debilitanti.

Con questo non voglio dire che sia sufficiente

l'utilizzo adeguato di Vitamina D per evitare di ammalarsi, ma gli studi sembrano riconoscerne un ruolo chiave, in parte ancora da decodificare, rimasto per troppo tempo celato. Ti ricordo che è sempre raccomandato evitare le cure "fai da te" e che per l'utilizzo di vitamina D ad alti dosaggi è fondamentale affidarsi a medici competenti che utilizzino tali protocolli in modo ponderato.

Cominciamo prima a dare uno sguardo a come la vitamina D interagisce con il nostro sistema immunitario.

VITAMINA D E SISTEMA IMMUNITARIO

Il nostro sistema immunitario è formato da diverse tipologie di cellule che hanno il compito di intercettare e neutralizzare gli aggressori esterni come virus, batteri e funghi che attaccano i nostri organi e le nostre cellule. Ha inoltre la delicata funzione di distruggere le cellule che si trasformano in cellule tumorali.

Le cellule del nostro sistema immunitario sono divise per tipologia a seconda del compito che dovranno svolgere nella difesa del nostro organismo. Possiamo sintetizzarle come segue:

Fagociti: vengono prodotti nel midollo osseo e sono la prima linea di difesa del nostro organismo. I fagociti più diffusi sono i macrofagi. Hanno la funzione di "mangiare" e digerite gli agenti (virus o batteri) potenzialmente dannosi per il nostro corpo.

Determinati tipi di fagociti, come le cellule dendritiche, hanno l'importante funzione di esporre sulla propria superficie cellulare una molecola (detta antigene) derivante dall'organismo indesiderato. In questo modo la sostanza o l'elemento dannoso sarà identificato dal sistema immunitario come dannoso.

Granulociti: si dividono in Neutrofili, Eosinofili e Basofili. I Neutrofili sono i numero maggiore e hanno il compito fondamentale di distruggere batteri e funghi. Eosinofili e Basofili sono alla base delle reazioni allergiche in quanto vanno ad attivare risposte immunitarie e stati infiammatori attraverso la liberazione di molecole quali l'istamina.

Linfociti: comprendono varie tipologie di cellule con il compito di rispondere ad aggressioni esterne. A differenza dei Fagociti, i Linfociti si differenziano tra loro a seconda del tipo particolare di aggressione a cui devono rispondere. Abbiamo i Linfociti Natural Killer che hanno la funzione di individuare e distruggere cellule infettate da virus o che si sono trasformate in cellule tumorali. I linfociti T sono prodotti da una ghiandola chiamata Timo e svolgono un' importante funzione immunitaria nei confronti di patogeni che penetrano all'interno delle cellule. Sono anch'essi deputati alla distruzione di cellule tumorali e sono i responsabili del "rigetto" nei trapianti. I linfociti T si differenziano in varie sottocategorie a seconda della loro funzione specifica. Possono infatti avere il compito di debellare infezioni intra-cellulari (linfociti t citotossici), stimolare la produzione di nuovi linfociti (linfociti T helper) e diminuire la risposta immunitaria per evitare che, se eccessiva, possa danneggiare l'organismo (linfociti T suppressor). I Linfociti B infine sono prodotti dal midollo osseo e hanno il ruolo di produrre anticorpi per specifici antigeni. Questo tipo di linfocita, dopo il primo contatto con l'agente esterno, può poi modificarsi in linfocita b memoria. Questo particolare tipo di linfocita può sopravvivere anche per tutta la nostra vita e ha la funzione di vagare nell'organismo alla ricerca del suo antigene specifico. Nel caso di un nuovo contatto la risposta immunitaria sarà molto più rapida.

La vitamina D, in questo nostro complesso apparato di auto-difesa, svolge un delicato ruolo di coordinamento, facendo in modo che le operazione vengano svolte correttamente ed efficacemente. Infatti ognuno dei linfociti del nostro corpo ha un recettore (detto VDR) al quale si lega la vitamina D determinandone il corretto comportamento. La carenza di vitamina D può causare quindi una bassa risposta del nostro sistema immunitario nei confronti di batteri e virus o, al contrario, una reazione eccessiva nei confronti delle nostre cellule (generando malattie autoimmuni) o riconoscendo alcune sostanze comuni come estranee dando origine alle varie forme allergiche.

Una carenza prolungata di Vitamina D porta ad una netta diminuzione delle cellula dendritiche. Queste cellule attirano gli agenti estranei e li riducono in piccoli frammenti (antigeni) che vengono esposti sulla loro superficie cellulare. Successivamente si muovono trasportando gli antigeni verso i linfonodi dove interagiscono con i linfociti B che producono anticorpi, e i linfociti T che aggrediscono le cellule infettate.

Questo è uno dei motivi per cui in Inverno, quando generalmente abbiamo livelli di Vitamina D più bassi, ci ammaliamo di più.

ALLERGIE

Tutti noi conosciamo qualcuno che soffre di questo problema. Secondo i dati del 2017 forniti dall'associazione Allergologi e Immunologi Italiani una persona su quattro soffre di malattie allergiche e la previsione è che questo dato potrebbe raddoppiare entro il 2025 arrivando ad interessare addirittura una persona su due. Il problema delle allergie è dato da un'eccessiva attivazione delle cellule dendritiche. Queste cellule, attraverso degli specifici recettori (detti TLR) posti sulla loro membrana cellulare, riescono a capire se è in corso un' invasione da parte di un agente esterno, captando la presenza di citochinine infiammatorie all'interno dei vari tessuti, e dando il via alla conseguente risposta immunitaria da parte dei linfociti T. Tornando alle allergie, è quindi evidente che non sia ad esempio il polline delle graminacee di per sé a scatenare la reazione, ma piuttosto le infiammazioni interne che attivano le cellule dendritiche, le quali avendo catturato l'antigene scatenano la risposta immunitaria. La vitamina D, attraverso i suoi recettori VDR, riesce ad inibire la maturazione ingiustificata delle cellule dendritiche evitando di conseguenza una risposta immunitaria non desiderata.

- Uno studio del 2015 publicato dal European Respiratory Journal: 50 soggetti affetti da rinite allergica sono stati suddivisi in due gruppi. Al primo gruppo è stata somministrata una dose di vitamina D pari a 1000 UI al giorno per 30 giorni. Al secondo gruppo è stato somministrato un placebo. Sono stati misurati i livelli di vitamina D sia prima che dopo il test. Tutti i soggetti affetti da rinite all'inizio dello studio erano carenti e la severità dei sintomi era tanto più marcata quanto i valori erano bassi. Al termine del periodo di 30 giorni i soggetti che avevano ricevuto la supplementazione di vitamina D avevano riscontrato una significativa riduzione dei sintomi di congestione nasale e un miglioramento generale del quadro clinico.

- Un altro studio del 2016 coordinato dal professor Cameron Grant dell'università di Auckland e pubblicato sulla rivista Allergy evidenzia invece come la supplementazione di vitamina D in età pediatrica possa ridurre la sensibilità alle allergie alla polvere e agli acari. Lo studio si è svolto a doppio cieco con placebo e durante il periodo di osservazione è stata somministrata vitamina D (fino a 2000 UI/

giorno) a donne in gravidanza dalla 27°
settimana fino al parto e successivamente ai
neonati (fino a 800 UI/giorno) fino al
compimento del sesto mese. Al compimento del
18° mese sono stati misurati nei neonati i valori
di anticorpi per gli acari e si è visto che la
presenza di questi anticorpi era nettamente
superiore nei bambini che avevano ricevuto il
placebo ed erano nati da madri trattate con il
placebo. Anche l'incidenza di visite mediche
dovute ad asma è stata significativamente più
bassa nel gruppo trattato con vitamina D.

OSTEOPOROSI

Si tratta di una malattia sistemica del nostro
scheletro che provoca riduzione della massa ossea
con conseguente maggiore fragilità dello scheletro e
relativo aumento del rischio di fratture. Le fasce di
popolazione maggiormente colpite sono quella degli
anziani e quella delle donne in menopausa dove
viene a cassare l'azione protettiva sul tessuto osseo ad
opera degli estrogeni. Si stima che in Italia soffrano
di questa patologia circa 3 milioni di donne e 1
milione di uomini. Le fratture possono avvenire in
seguito a lievi traumi (che non creerebbero problemi
in un osso sano) o addirittura in assenza di traumi
evidenti (dette fratture da fragilità). La frattura più
comune è quella del femore per la quale vengono
realizzate circa 250000 protesi all'anno.

Come fare quindi a prevenire per tempo la comparsa dell'osteoporosi? Siamo stati abituati a sentirci dire che per assicurarci una buona saluta delle ossa è importante assumere tanto calcio. Questa è purtroppo una vecchia credenza che ancora persiste ma che non ha solide basi oggettive. Le popolazioni del nord Europa sono quelle che assumono più latte e latticini e allo stesso tempo sono le più malate di osteoporosi, evidentemente qualcosa non torna. L'osteoporosi non è portata da una semplice carenza di calcio nelle ossa ma piuttosto da un alterazione delle condizioni che ne favoriscono l'assorbimento.

L'osso è costituito da due diversi tipi di cellule: gli osteoblasti che depositano materiale osseo assorbendo calcio dal sangue e gli osteoclasti che invece demoliscono il materiale osseo. L'osteoporosi si sviluppa quando il numero di questi due tipi di cellule non è più in equilibrio e quindi non viene prodotto abbastanza osso nuovo per sostituire quello degradato.

La vitamina D riesce ad intervenire in questo processo in vari modi: da una parte stimola l'assorbimento del calcio a livello intestinale portandone il livello nel sangue nei limiti di normalità. Inoltre regola indirettamente i livelli del paratormone (PTH) prodotto dalla tiroide responsabile del rilascio di calcio da parte delle ossa compromettendone la densità. La vitamina D riesce ad agire anche direttamente sul tessuto osseo stimolando l'attività ricostruttiva degli osteoblasti attraverso i recettori presenti sulla superficie di questi ultimi. In particolare si è inoltre è visto che la vitamina D promuove la formazione di Osteocalcina da parte degli osteoblasti, una proteina che una volta sintetizzata viene in gran parte depositata nel tessuto osseo.

Quando si parla di osteoporosi è importante ricordare il ruolo sinergico tra vitamina D e vitamina K. Se infatti da un lato la vitamina D promuove un aumento del calcio in circolo nel sangue dall'altro la vitamina K2 riesce ad indirizzarlo dove c'è bisogno (nelle ossa) senza che si depositi dove non deve (nei vasi sanguigni) aumentando il rischio di arteriosclerosi e occlusioni dei vasi sanguigni.

Per poter fare una buona prevenzione nei confronti di questa patologia è quindi importante assicurarsi il giusto dosaggio di Vitamina D; è però opportuno assumere anche Vitamina K2-MK7 che, come abbiamo visto, ha il potere di agevolare la migrazione del calcio dai vasi sanguigni verso le ossa, riducendo il rischio di calcificazioni arteriose e quindi maggiori probabilità di problemi cardiaci e cardiocircolatori.

La vitamina D può venire incontro alle nostre ossa anche rinforzando il sostegno dei nostri muscoli; infatti interagisce con le fibrocellulle muscolari favorendo la ricostruzione e la tonicità muscolare. Si è infatti osservato che negli anziani la supplementazione di Vitamina D può ridurre fino al 40% l'incidenza delle fratture anche per la miglior efficenza del sistema muscolare.

• Uno studio Saudita del King Fahd University Hospital ha preso in esame 400 individui determinandone i livelli di vitamina D e la densità ossea. Al termine dell'analisi si è riscontrata una drastica correlazione tra i due fattori. A titolo di esempio basti pensare che le donne sopra i 50 anni con densità ossea insufficiente erano l'84% tra i soggetti con vitamina D insufficiente e solo il 26% tra le donne con livelli di vitamina D adeguati.

• Uno studio Giapponese pubblicato nel 2016 dalla rivista Oral Diseases ha testato l'efficacia della somministrazione di vitamina K nel miglioramento dell'attività di ricostruzione ossea. I ricercatori hanno appurato che la supplementazione di sola vitamina K non sortisce risultati degni di nota. Ma l'associazione tra Vitamina K e Vitamina D riesce a migliorare sensibilmente l'attività ricostruttiva dell'osso e di conseguenza l'indice di densità ossea.

MALATTIE AUTOIMMUNI

La vitamina D è un potente immunoregolatore che regola i meccanismi immunitari del nostro organismo interrompendo processi che portano i linfociti TH1 ad attaccare i nostri stessi tessuti e le altre cellule del nostro sistema immunitario. Nelle malattie autoimmuni le cellule dendritiche catturano dei peptidi simili ai nostri tessuti e lo stato infiammatorio le spinge a stimolare la produzione di linfociti TH1 che attaccheranno i nostri tessuti. La vitamina D sembra regolare la proliferazione dei linfociti B, la cui sovrapproduzione sembra essere alla causa della produzione degli anticorpi delle malattie autoimmuni. Secondo gli ultimi incoraggianti studi preliminari la vitamina D sarebbe in grado di produrre particolari citochinine anti infiammatorie (IL10) con il risultato di contenere lo stato infiammatorio che dà origine alla risposta immunitaria anomala. Gli studi sembrano indicare un ruolo chiave di questo ormone nell'insorgenza e nel trattamento di patologie autoimmuni come sclerosi multipla, psoriasi, artrite reumatoide, diabete di tipo 1 e lupus. Di seguito riporterò i risultati di alcuni studi relativi alla principali malattie autoimmuni.

Diabete di tipo 1: questa patologia insorge, generalmente in età infantile, in seguito alla distruzione, da parte del nostro sistema immunitario, delle beta-cellule del pancreas atte alla produzione di insulina. Questo conduce ad un deficit insulinico totale. La vitamina D sembra giocare un ruolo chiave nella prevenzione di questa malattia.

• Uno studio finlandese ha dimostrato che bambini che avevano ricevuto una supplementazione del primo anno di vita 2000 UI/giorno di Vitamina D avevano una riduzione del 78% del rischio di incorrere nel corso della vita nel Diabete di tipo 1 (Hypponen E et al, lance 2001).

- Uno studio del 2016 condotto dalla facoltà di pediatria dell'università del Kuwait su 216 bambini malati diabete di tipo 1 ha evidenziato come la percentuale di soggetti con carenza di vitamina D fosse significativamente elevata rispetto ad un gruppo di controllo di soggetti sani, in particolare nei casi di insorgenza precoce (prima dei 4 anni di vita).

- Un nuovo studio, tuttora in corso, condotto dall'ospedale maggiore di Novara e coordinato dal dott. Francesco D'addario, sta cercando di mettere a punto un protocollo di somministrazione di Vitamina D e Omega 3 a giovani pazienti in cui la malattia si è già manifestata. L'obbiettivo è quello di prolungare il periodo denominato"luna di miele" in cui dopo le prime somministrazioni di insulina l'organismo riattiva (purtroppo per pochi mesi) la produzione spontanea di insulina. L'utilizzo di Vitamina D, unita all'azione antiossidante degli Omega 3, sembrerebbe prolungare questo periodo migliorando le condizioni di vita dei giovani pazienti. Lo studio non è ancora terminato ed è quindi prematuro entrare nel merito dei dettagli ma i primi risultati sembrano essere molto incoraggianti.

Artrite reumatoide: si tratta di una malattia infiammatoria cronica autoimmune che attacca i tessuti articolari di una persona il cui sistema immunitario, invece di proteggere l'organismo dagli agenti esterni come virus e batteri, si attivi in maniera anomala. Colpisce principalmente le piccole articolazioni, come mani e piedi, ma può coinvolgere potenzialmente ogni distretto dell'organismo: in questo caso si parla di malattia sistemica.

- già nel 1999 i dottori Andjielkovic, Vojinovic e Pejnovic coordinarono uno studio svoltosi a Belgrado dove furono trattati 19 pazienti affetti da artrite reumatoide per un periodo di 3 mesi con alte dosi di vitamina D (sotto forma del suo derivato sintetico alfacalcidiolo). I risultati furono eclatanti: l'89% dei soggetti aveva ridotto la gravità dei sintomi e il 45% aveva raggiunto la remissione completa.

- Studi più recenti sembrano focalizzare l'attenzione sul fattore preventivo che avrebbe la vitamina D sull'insorgenza di questa patologia e sull'attenuazione del dolore percepito dai pazienti con malattia in corso. La divisione di Reumatologia dell'università di Seul ha svolto nel 2016 una meta-analisi basandosi sui risultati di 15 studi svolti su un totale di 1143 pazienti affetti da artrite reumatoide in contrapposizione a gruppi di controllo per un totale di 963 soggetti. Gli studi presi in esame evidenziano che il livello ematico di vitamina D nei soggetti con artrite reumatoide era sensibilmente inferiore rispetto ai gruppi di controllo. Inoltre si è visto che la percentuale di soggetti con carenza di vitamina D nel gruppo delle persone malate era nettamente superiore a quelle dei gruppi di controllo. Ben 13 dei 15 studi presi in esame hanno evidenziato una correlazione inversa tra i livelli di vitamina D nel sangue e l'attività della malattia.

Lupus: si tratta di una patologia autoimmune sistemica in cui gli anticorpi attaccano il nostro organismo provocando infiammazioni a vario livello che possono coinvolgere la pelle, il cuore, i vasi sanguigni, il cervello e le articolazioni. La forma più diffusa è quella del Lupus Eritematoso Sistemico che si manifesta con febbre, eruzioni cutanee e dolori articolari. Le cellule del nostro sistema immunitario che costituiscono la cosiddetta immunità innata presentano sulla loro membrana una classe di recettori detta TLR (Toll Like Receptor) che hanno la funzione di reagire con gli antigeni o riconoscere uno stato infiammatorio attivando la risposta immunitaria. Nel lupus i recettori TLR iniziano a reagire in modo anomalo ad alcuni acidi nucleici prodotti dalle cellule, attivando una risposta immunitaria non necessaria e dando così origine alla malattia. I recettori maggiormente coinvolti in questo processo sono i TLR3, TLR7 e TLR9.

- Uno studio iraniano del 2017 su 20 pazienti con Lupus Eritematoso Sistemico ha dimostrato le proprietà antinfiammatorie e immunomodulanti della vitamina D in questa patologia. I ricercatori hanno isolato alcuni ceppi cellulari dei pazienti infetti e le hanno coltivate in laboratorio in presenza e in assenza di vitamina D. Hanno poi attivato i recettori TLR. La coltura in presenza di vitamina D ha notevolmente ridimensionato l'espressione di TLR3 (8,86 nei pazienti con lupus contro 45 del controllo) TLR7 (17,9 contro 242) e TLR9 (4,67 contro 8,9).

Sclerosi Multipla: Si tratta di una malattia neurodegenerativa che comporta lesioni a carico del sistema nervoso centrale. Nella sclerosi multipla si assiste ad un attacco da parte del sistema immunitario ai danni del sistema nervoso centrale. Questo attacco provoca la perdita o il danneggiamento della mielina, che è una sostanza che ricopre e protegge le fibre nervose del sistema nervoso centrale, provocando un'alterazione negli impulsi nervosi che viaggiano tra il cervello e il midollo spinale. Gli studi sulla correlazione carenza di vitamina D e rischio di sviluppare la patologia sono molti. I ricercatori hanno intuito questo importante legame da decenni e gli studi stanno cercando di mettere in luce i meccanismi che stanno dietro a quest'importante associazione. Vorrei citarti, a titolo di esempio, due ricerche che mi hanno particolarmente colpito.

- Uno studio pubblicato nel 2006 e condotto dal dipartimento nutrizione e medicina dell'università di Harvard ha preso in esame ben 7 milioni di americani tra il 1992 e il 2004. I ricercatori hanno notato una relazione inversamente proporzionale tra i livelli di vitamina D nel sangue e la possibilità di sviluppare la malattia. Lo studio evidenzia una riduzione del rischio, in soggetti caucasici, fino al 41%.

- Più recentemente un altro studio dell'università di Harvard pubblicato nel 2017 ha preso in esame un campione di 800.000 donne a cui è stata misurata la vitamina D nel sangue. Al termine dello studio, durato 9 anni, è emerso che i soggetti con carenza di vitamina D (identificata con livelli sotto i 30 ng/ml) avevano il 43% di possibilità in più di sviluppare la malattia.

Vitiligine e Psoriasi: si tratta di due malattie autoimmuni che coinvolgono l'epidermide. Nella vitiligine le cellule del sistema immunitario attaccano i melanociti (atti alla produzione di melanina) che non riescono più a compiere le proprie funzioni. Nei soggetti colpiti da vitiligine si notano ampie macchie bianche asimmetriche che si diffondono a tutto il corpo. La psoriasi è una patologia autoimmune cronica dove i soggetti colpiti presentano eritemi e squame sulla pelle causate da ispessimento cutaneo. Nella psoriasi il processo di rigenerazione delle cellule morte della cute avviene ogni 3-6 giorni contro i 30 giorni nei soggetti sani. Questo causa una sovrapproduzione di tessuto epiteliale . Le zone generalmente più colpite sono i gomiti, le mani, i piedi, le ginocchia e il cuoio capelluto.

• Delle varie ricerche disponibili ti presento un piccolo ma significativo studio pilota del 2013 pubblicato da Dermato Endocrinology. Lo studio intendeva dimostrare come alte dosi di vitamina D possano essere efficaci e sicure nel trattamento di queste due patologie. I ricercatori hanno somministrato a 9 pazienti con psoriasi e 16 pazienti con vitiligine un dosaggio di vitamina D pari a 35.000 UI/giorno, associato ad una dieta povera di calcio, per un periodo di 6 mesi. Tutti i pazienti risultavano carenti all'inizio del trial (sotto i 30 ng/ml). Al termine del periodo di studio i livelli sierici di vitamina D sono passati da (riporto i dati medi) 14,9 a 106,3 ng/ml nei pazienti con psoriasi e mediamente da 18,4 a 132,5 nei pazienti con vitiligine. Contemporaneamente i livelli di paratormone scendevano (essendo il suo livello inversamente proporzionale a quello della vitamina D) da 57,8 a 28,9 ng/ml nei pazienti con psoriasi e da 55.3 a 25.4 ng/ml nei pazienti con vitiligine. Il punteggio PASI (che indica l'indice di severità della psoriasi) è significativamente migliorata nei 9 soggetti con psoriasi. I pazienti con vitiligine hanno assistito ad una ripigmentazione cutanea del 25-75%. I livelli di calcemia sono rimasti nel range di normalità.

MALATTIE NEUROLOGICHE E DISTURBI COMPORTAMENTALI

Recenti studi hanno dimostrato la possibile correlazione tra carenza di vitamina D e disturbi a livello neurologico. La supplementazione di vitamina D sembra infatti svolgere un importante ruolo protettivo nei confronti delle malattie neurodegenerative. La forma attiva della vitamina D, una volta sintetizzata, giunge fino al nostro cervello dove riesce ad agire attraverso i suoi recettori specifici presenti sia sulle cellule neuronali sia sulle cellule gliali. La vitamina D coinvolta nello stimolo di sostanze protettive tra cui l'NGF sembra partecipare alla rimozione delle placche dell'amiloide (cumuli di proteine che si formano negli spazi tra le cellule) che si formano in svariati processi neurodegenerativi tra cui il morbo di Alzheimer. Inoltre la vitamina D stimola la produzione di neurotrasmettitori tra cui la dopamina, un ormone coinvolto nel morbo di Parkinson.

Diversi studi sulla vitamina D sembrano indicare la capacità della vitamina D nel migliorare la funzionalità cognitive e l'efficienza delle fibre nervose.

Epilessia: si tratta di una sindrome caratterizzata dalla ripetizione di crisi epilettiche dovute all'iperattività dei neuroni.

• Uno studio condotto nel 2016 dall'università di Dankook nella Corea del Sud ha esaminato i livelli di vitamina D in un gruppo di 198 bambini affetti da epilessia già in cura con farmaci antiepilettici. Il 62,6% dei pazienti è risultato carente nei livelli ematici di vitamina D, con un picco di carenza registrato nei mesi invernali e primaverili. Dei 57 bambini che non sono risultati inizialmente carenti, ben 47 lo sono diventati nei successivi 5 anni. Questo ulteriore abbattimento dei livelli si pensa sia dovuto in buona parte all'assunzione degli stessi farmaci antiepilettici. I ricercatori al termine dello studio hanno evidenziato l'importanza di un regolare monitoraggio, seguito da un'eventuale supplementazione di vitamina D, nei bambini con epilessia che assumono farmaci antiepilettici.

Morbo di Alzheimer: è la forma più comune di demenza degenerativa progressivamente invalidante con esordio prevalentemente in età presenile (oltre i 65 anni), ma può manifestarsi anche in epoca precedente.

• Nel 2014 sono stati pubblicati dalla rivista Neurology i risultati di uno dei più vasti studi sul rapporto tra vitamina D e comparsa del morbo di Alzheimer e altre forme di demenza. I ricercatori hanno studiato un campione di 1658 adulti di età superiore ai 65 anni seguendoli per 6 anni e monitorando l'eventuale comparsa di malattie neurodegenerative. Al termine dello studio gli scienziati hanno scoperto che le persone con una moderata carenza di vitamina D vedevano aumentare il rischio della comparsa del morbo di Alzheimer del 69%. I soggetti con grave carenza avevano un aumento del rischio del 122%. Analoghi risultati sono stati riscontrati con la demenza senile: i soggetti con moderata carenza avevano il 53% di aumento del rischio, per arrivare al 125% in coloro che ne erano gravemente carenti.

Morbo di Parkinson: è una malattia degenerativa del sistema nervoso centrale che comporta tremore e rigidità degli arti, lentezza dei movimenti e instabilità.

• Uno studio britannico pubblicato dal Journal of Parkinson's Disease nel 2017 ha misurato i livelli ematici di 25(OH)D in 145 pazienti con morbo di Parkinson paragonandoli a quelli di un gruppo di controllo di 94 soggetti. Il gruppo di pazienti con morbo di Parkinson presentava, all'inizio dello studio, livelli di vitamina D nettamente inferiori al gruppo di controllo (44 ng/ml contro 52 ng/ml). Dopo 18 mesi la differenza tra i valori era ulteriormente aumentata (44 ng/ml contro 56 ng/ml). I ricercatori hanno concluso lo studio sottolineando che i soggetti affetti da morbo di Parkinson presentano livelli sierici di vitamina D significativamente più bassi rispetto ai soggetti sani, e che livelli bassi di questa vitamina -

ormone possono essere predittivi rispetto l'aggravarsi dei deficit motori nell'arco di 36 mesi.

- Un precedente, ma ben più ampio, studio Finlandese prese in esame 3173 soggetti di entrambi i sessi di età compresa tra 50 e 79 anni senza segni di malattia di Parkinson. Vennero prelevati campioni di sangue a tutti i soggetti prima del periodo di osservazione. I soggetti vennero osservati per 29 anni. Al termine del periodo 50 soggetti avevano sviluppato il morbo di Parkinson. Misurando i livelli di vitamina D nel sangue delle persone malate i ricercatori determinarono che basse concentrazioni fossero un fattore di elevato rischio di incidenza della malattia. Infatti i soggetti con concentrazioni di vitamina D pari ad almeno 50 ng/ml presentavano il 65% di minor rischio rispetto ai soggetti con concentrazioni inferiori ai 25 ng/ml. Questo studio evidenzia il ruolo preventivo che la vitamina D può avere in questa particolare patologia.

Depressione: secondo L'Organizzazione Mondiale per la Sanità è la malattia più diffusa al mondo. Secondo le ultime stime le persone coinvolte nel mondo sarebbero circa 350 milioni.

- Uno studio pubblicato nel 2014 FASEB Journal ha dimostrato che la vitamina D agisce sul gene TPH2 trasformando il triptofano (un amminoacido essenziale) in serotonina. La vitamina D riesce inoltre ad attivare gli ormoni ossitocina e vasopressina. La serotonina, nota anche come "ormone del buonumore", è un neurotrasmettitore che regola il nostro ciclo sonno-veglia, l'appetito e l'umore. Bassi livelli di serotonina sono associati a depressione, ansia e disordini comportamentali. L'ossitocina, detto anche "ormone dell'amore", è coinvolto in importanti funzioni fisiologiche e promuove l'attaccamento materno, il legame tra i partner e il riconoscimento sociale. Bassi livelli di questo ormone sono associati a depressione e schizofrenia. La vasopressina, in particolare nell'uomo, sembra regolare il livello di soddisfazione e appagamento nella relazione di coppia.

• Un altro studio pubblicato da Mayo Clinic nel 2011 su un campione di 12500 pazienti ha evidenziato che livelli bassi di Vitamina D sono associati a sintomi da sindrome depressiva in particolar modo nei soggetti che ne hanno già sofferto in passato. I ricercatori concludono suggerendo il controllo e l'integrazione di vitamina D come profilassi primaria per i pazienti con una storia di depressione alle spalle.

TUMORI

Nel 1974 due giovani epidemiologi, i fratelli Frank e Cedric Garland, durante un convegno sui tassi di mortalità per tumore negli Stati Uniti, notarono una netta differenza nell'incidenza di cancro al colon tra gli stati del nord e quelli del sud degli USA. Zone del paese nettamente più inquinate, come l'area di Los Angeles, avevano un incidenza della malattia inferiore rispetto a agli stati a nord, spesso meno densamente popolati. La tesi dei due medici, pubblicata successivamente sull'International Journal of Epidemiology, era che la luce solare avesse una forte azione di protezione contro i tumori grazie alla produzione di vitamina D dovuta all'esposizione della pelle al sole. Cedric Garland, ora professore di medicina preventiva all'Università della California di San Diego, si spinse a dire che la vitamina D avrebbe portato in breve tempo ad un periodo d'oro per la medicina. Il dottor Garland sostiene infatti che, più dell'inquinamento e di altre cause, alla base dell'epidemia di tumori in occidente vi sia l'insufficienza dei livelli di vitamina D.

Dopo le intuizioni dei fratelli Garland l'attenzione della ricerca si è gradualmente spostata verso il ruolo che sembrerebbe avere l'integrazione di vitamina D nell'ostacolare la formazione e lo sviluppo di varie neoplasie. La sua carenza cronica sembra essere direttamente collegata all'insorgere di diverse forme tumorali. La vitamina D è infatti implicata in tanti meccanismi dello sviluppo di cellule cancerose: inibisce la crescita cellulare regolandone la duplicazione, inibisce lo sviluppo di nuovi vasi sanguigni che permettono alla massa tumorale di crescere, ha un effetto di riduzione sulle metastasi. E' stato dimostrato che la vitamina D ha dei recettori anche nel DNA delle cellule tumorali attraverso i quali riuscirebbe a promuovere l'apoptosi, inducendole a senescenza attraverso il blocco della duplicazione cellulare. La vitamina D sembra avere un doppio effetto contro le cellule malate: da una parte le attacca indirettamente attraverso attivazione dei linfociti T killer, il cui compito è quello di aggredire le cellule cancerose, dall'altra interviene direttamente all'interno del DNA del tumore.

E' importante sottolineare che siamo ancora lontani da risultati certi che possono farci intravedere cure definitive per quella che ad oggi è la seconda causa di morte nel mondo, bisognerà attendere nuovi studi e conferme, ma la maggior parte delle pubblicazioni sembrano sempre più indicare livelli corretti di vitamina D come un co-fattore di protezione verso l'insorgere di svariate forme di tumore.

Tumore al seno: è il più frequente nel sesso femminile e rappresenta il 29% di tutti i tumori che colpiscono le donne. Esistono più di 200 studi epidemiologici e oltre 2500 studi di laboratorio che mirano ad identificare la correlazione tra vitamina D e l'insorgenza di questa patologia.

- Un'analisi aggregata svolta nel 2018 dalla facoltà di Medicina dell'Università della California a San Diego pubblicato sulla rivista Plos One, ha confermato che chi ha più vitamina

D nel sangue è meno soggetto a contrarre questa particolare forma di tumore. L'analisi dell'istituto californiano ha preso in esame due studi randomizzati e uno studio prospettico di coorte per un totale di 5038 donne che sono state seguite per una media di 4 anni. Al termine di questo periodo 77 donne avevano sviluppato un carcinoma mammario. I ricercatori avevano misurato i livelli vitamina D nel sangue delle donne all'inizio della sperimentazione ed era stato constatato che le partecipanti allo studio che avevano concentrazioni di 25(OH)D pari o superiori a 60 ng/ml presentavano un quinto del rischio di ammalarsi di chi invece aveva una concentrazione inferiore ai 20 ng/ml. Con l'aumentare dei livelli di vitamina D il rischio di tumore calava proporzionalmente.

• Uno studio del Roswell Park Cancer Institute di Buffalo pubblicato da Jama Oncology nel 2016 ha messo in evidenza come adeguati livelli di vitamina D rappresentino un significativo beneficio nella prognosi del tumore al seno, associandosi a minor mortalità e minor progressione della malattia. Lo studio ha preso in esame 1666 donne, di 58 anni di età media, con diagnosi di cancro al seno. Le pazienti sono state sottoposte a prelievi di sangue regolari nell'arco degli 8 anni dello studio. I livelli di vitamina D erano più bassi nelle donne con carcinoma in stato avanzato, raggiungendo i picchi più bassi nelle donne in pre-menopausa con tumore triplo negativo. Le concentrazioni di vitamina D sono risultate inversamente proporzionali alla gravità della malattia. I più alti livelli serici di vitamina D sono stati associati ad un migliore decorso della malattia e con probabilità di sopravvivenza del 30% migliore rispetto alle donne con livelli più bassi di vitamina D.

Tumore al colon - retto: è una forma tumorale piuttosto diffusa. In occidente risulta essere il secondo per la donna, in termini di diffusione e mortalità, e il terzo per l'uomo dopo polmone e prostata.

• Un importante lavoro svolto nel 2018 da ben 31 istituti internazionali ha preso in esame 17 studi svolti in passato per un totale di 5706 casi di tumore al colon retto e 7100 casi controllo, in un arco temporale di 5 anni. La ricerca nasce con l'intento di produrre un dato significativo su quale sia il ruolo protettivo della vitamina D nei confronti di questa patologia. I risultati confermano che alti livelli di 25(OH)D nel sangue corrispondono ad una maggiore protezione nel confronti di questa forma tumorale. Infatti concentrazioni di vitamina D inferiori a 30 ng/ml venivano associate al 31% di aumento del rischio di contrarre la malattia. Al contrario concentrazioni tra 75 ng/ml e 87,5 ng/ml corrispondevano ad una riduzione del rischio pari al 19%, che saliva al 27% per i livelli ematici tra 87,5 ng/ml e 100 ng/ml. Al termine dello studio i ricercatori evidenziarono il fatto che i livelli serici di 25(OH)D nell'intervallo tra 50 e 62,5 ng/ml, considerati ottimali per la salute delle ossa, sono però insufficienti per assicurarsi un' adeguata protezione dal tumore al colon retto, e che quindi sono da considerarsi adeguati concentrazioni tra i 75 e i 100 ng/ml.

• Un altro grande studio realizzato dai ricercatori dell'International Agency for Research on Cancer di Lione e pubblicato dal British Medical Journal, ha dimostrato che persone con alti livelli di vitamina D nel sangue hanno una percentuale di rischio del 40% in meno di sviluppare il tumore al colon-retto. La ricerca è stata effettuata su un campione di 520.000 partecipanti provenienti dall'Europa Occidentale che sono stati monitorati dal 1992 al 1998. Di questo campione iniziale 1248 soggetti avevano sviluppato un tumore al colon-retto. Tutti i soggetti che si erano ammalati presentavano livelli serici di vitamina D significativamente inferiori ai soggetti sani. Gli studiosi hanno determinato che portare livelli bassi di vitamina D fino ad un range ottimale tra i 50 e i 75 ng/ml può comportare una riduzione del rischio di contrarre la malattia fino al 40%, con una riduzione più marcata a valori più prossimi ai 75 ng/ml. Sembra invece che valori oltre i 75 ng/ml non porterebbero benefici statisticamente apprezzabili.

Tumore alla prostata: Il carcinoma prostatico, o tumore alla prostata, è uno dei tipi più comuni di cancro nell'uomo, colpendo approssimativamente un uomo su sette in Europa.

- Una ricerca condotta nel 2015 dal professor Hollis della Medical University of South California ha determinato come l'assunzione di Vitamina D in pazienti con tumore alla prostata non aggressivo, potesse contribuire a tenere sotto controllo queste forme tumorali evitandone il peggioramento. I ricercatori hanno sottoposto al trial 37 pazienti colpiti da cancro alla prostata per cui era già stato programmato l'intervento di asportazione. Sono stati formati quindi 2 gruppi: il primo ha ricevuto 4000 UI/giorno di vitamina D, il secondo gruppo una soluzione placebo. Dopo soli 60 giorni gli studiosi hanno esaminato le ghiandole asportate con l'intervento chirurgico: molti dei soggetti che avevano ricevuto la supplementazione di vitamina D mostravano miglioramenti nelle dimensioni del tumore. I tumori nei soggetti che invece avevano ricevuto il placebo erano rimasti invariati o erano peggiorati. I ricercatori hanno stabilito che la vitamina D, oltre a ridurre lo stato infiammatorio all'interno della ghiandola prostatica, riuscirebbe ad agire su una proteina detta "fattore di crescita e di differenziazione" (GDF15). Precedenti studi avevano indicato l'influenza di questa proteina sugli stati infiammatori prostatici che caratterizzano questo tipo di tumore.

MALATTIE APPARATO CARDIO-CIRCOLATORIO

L'apparato circolatorio è un sistema chiuso di organi e vasi che permettono al sangue di circolare trasportando ossigeno, nutrienti, ormoni e anidride carbonica in tutto il corpo. Il ruolo cardine in questo apparato è il cuore che, pompando il sangue attraverso i vasi sanguigni, assicura al nostro organismo degli elementi necessari al suo funzionamento. Questo delicato e complesso sistema è soggetto a malfunzionamenti di varia natura attraverso, ad esempio, problemi della pompa centrale oppure fragilità o irrigidimento delle arterie con conseguente difficoltà nella gestione della pressione sanguigna. Secondo i dati Eurostat del 2015 in Europa le malattie cardiovascolari hanno rappresentato il 36,7% di tutti i decessi attestandosi al primo posto tra le cause di morte nei paesi industrializzati.

Anche in questo caso la Vitamina D, attraverso i suoi recettori identificati a livello delle cellule cardiache e dei vasi sanguigni, sembra svolgere un'azione protettiva, anche se i ricercatori stanno ancora lavorando per identificare quale sia l'esatto meccanismo alla base di questo processo.

Cardiopatie: questo gruppo di patologie comprende tutte le malattie che interessano il cuore, sia dal punto di vista organico che funzionale. Le ricerche suggeriscono che elevati livelli di vitamina D equivalgano ad una minore possibilità di sviluppare determinate cardiopatie. Di seguito troverai qualche esempio di come la ricerca abbia trovato una correlazione tra livelli di vitamina D circolanti e insorgenza di alcune malattie cardiache.

- Nello studio Famingahm Heart Study, pubblicato nel 2008 sulla rivista Circulation, sono stati reclutati i 1793 soggetti sani ed è emerso che i pazienti con bassi livelli di vitamina D avevano un rischio di sviluppare un evento avverso cardiovascolare (nell'arco del periodo di osservazione di oltre 5 anni) maggiore del 53-80% rispetto ai soggetti con livelli normali di vitamina D, con un aumento del rischio che veniva amplificato dalla presenza di ipertensione arteriosa.

- Daily ha pubblicato nel 2014 uno studio dell'American College of Cardiology svolto su 1484 pazienti in cui è emerso che le persone con livelli di vitamina D sotto i 20 ng/ml aveva il 32% in più di incidenza di malattie coronariche. La percentuale saliva con lo scendere del livello di vitamina D riscontrato nel sangue. I medici sono stati concordi nell' indicare il monitoraggio dei livelli di vitamina D nel sangue come parte della prevenzione delle malattie coronariche.

Ipertensione: è caratterizzata da un'elevata pressione del sangue nelle arterie. In Italia è un problema che interessa circa il 30% della popolazione adulta. Il protrarsi di questa condizione è una delle principali cause di ictus, infarto del miocardio e insufficienza renale. Anche in questo caso le ricerche degli ultimi anni stanno portando alla luce il legame tra la la vitamina D e la comparsa di ipertensione.

• Un importante studio genetico su larga scala è stato condotto dallo University College di Londra e riportato durante la conferenza annuale della Società Europea di Genetica Umana del 2013. La ricerca ha coinvolto 35 studi su un totale di oltre 155.000 soggetti residenti in Europa e Nord America, dimostrando che le persone con alte concentrazioni di vitamina D avevano una ridotta pressione sanguigna con conseguente diminuzione del rischio di ipertensione. Al temine dello studio i ricercatori sono andati ad analizzare i risultati e hanno scoperto che per ogni aumento del 10% di 25 (OH)D nel sangue corrispondeva una diminuzione del rischio del 8,1% di sviluppare ipertensione. Gli studiosi hanno valutato i soggetti attraverso particolari indicatori di tipo genetico (eliminando quindi i fattori di casualità in quanto ininfluenti dal punto di vista genetico) ottenendo in questo modo indicazioni molto attendibili sulla correlazione tra i livelli di vitamina D e l'incidenza di ipertensione.

MALATTIE DELL'APPARATO RESPIRATORIO

L'azione modulatrice della vitamina D sul sistema immunitario sembra ripercuotersi positivamente sulla risposta del nostro organismo alle varie affezioni dell'apparato respiratorio. La vitamina D sembra infatti intervenire nella regolazione delle difese immunitarie anti-infettive, modula l'infiammazione bronchiale e la sensibilità all'azione degli steroidi inalatori utilizzati nell'asma, ha un'azione protettiva nei confronti della BPCO, contrasta i meccanismi di fibrosi polmonare. Bassi livelli di Vitamina D si associano a forme più gravi delle malattie croniche polmonari ed in particolare ad un maggiore deterioramento della funzione respiratoria. Non è un caso che durante i mesi invernali, quando generalmente il nostro livello di vitamina D è più basso, siamo più soggetti ad ammalarci di patologie a carico dell'apparato respiratorio

Infezioni acute del tratto respiratorio: fanno parte di questo gruppo le infezioni delle alte vie respiratorio, quando sono colpiti gola e rinofaringe, e delle basse vie respiratorie, quando sono colpiti bronchi e polmoni. Generalmente si tratta di infezioni causate da virus, funghi e batteri.

- I risultati di uno studio della Queen Mary University di Londra su 11.321 pazienti da 0 a 95 anni dimostrano che la supplementazione quotidiana o settimanale di vitamina D è effettivamente in grado di ridurre il rischio di infezioni acute del tratto respiratorio. Gli studiosi hanno osservato gli effetti su soggetti che già integravano vitamina D a vari dosaggi e per periodi differenti. I risultati di questa meta-analisi hanno evidenziato che l'integrazione con vitamina D aveva determinato una riduzione media del 12% della percentuale dei soggetti che aveva avuto almeno un episodio di infezione acuta delle vie respiratorie. In particolare, si è visto che a trarre il maggior beneficio sono i soggetti con una concentrazione iniziale di vitamina D bassa (inferiore s 25 ng/ml) e che avevano assunto integratori con frequenza giornaliera o settimanali. Le alte dosi mensili, al contrario, potrebbero causare lo spegnimento di determinati enzimi con conseguente minor assorbimento e minor quantità di vitamina circolante. Gli studiosi hanno sottolineato di come futuri studi, con l'utilizzo di dosaggi e periodi di somministrazioni uniformi sul campione, potranno fornire dati ancora più incoraggianti sul fattore protettivo della vitamina D su questo tipo di patologie.

Asma: è una malattia cronica del sistema respiratorio che colpisce milioni di persone nel mondo.

• Secondo uno studio realizzato da un gruppo di ricerca del King's College di Londra e pubblicato sul Journal of Allergy and Clinical

Immunology l'esposizione al sole può migliorare lo stato di salute nei pazienti che soffrono di asma grazie alla conseguente produzione di vitamina D. I ricercatori hanno evidenziato che la vitamina D ha la capacità di modulare la parte iperattiva del sistema immunitario che causa l'asma e, una sua carenza, può peggiorare i sintomi della malattia. Nel dettaglio, i ricercatori inglesi hanno studiato l'impatto di questo ormone sull'interleuchina -17, una sostanza che aiuta a evitare le infezioni ma, se prodotta in eccesso, può aggravare lo stato di salute dei pazienti asmatici, riducendo la capacità di risposta ai farmaci steroidei. Lo studio su 28 pazienti ha mostrato che i livelli d'interleuchina-17 diminuivano in maniera considerevole ed in modo inversamente proporzionale rispetto alla produzione di vitamina D.

• Un'altro studio del 2017 del King's College di Londra si è concentrato sulla somministrazione di supplementi di vitamina D a donne in gravidanza, dimostrando come questa pratica possa modificare positivamente il sistema immunitario del neonato che potrebbe aiutare a proteggere dalle infezioni respiratorie e in particolare dall'asma. Il team di ricercatori ha esaminato l'effetto dell'assunzione di 4400 UI giornaliere su donne in gravidanza a partire dal secondo trimestre di gestazione. Al termine del trial i campioni di sangue di bambini nati da madri che avevano ricevuto la supplementazione presentavano una maggior risposta di citochinine e una maggior produzione di interluchina -17 in risposta alla stimolazione dei linfociti. Entrambi i tipi di risposta intervengono per migliorare la difesa neonatale dell'infezione. Dal momento che elevate risposte immunitarie nella prima fase della vita vengono associate ad una ridotta incidenza dell'asma, i ricercatori ritengono che questo tipo di supplementazione potrebbe comportare un significativo miglioramento della salute respiratoria nei neonati.

Influenza: si tratta di una malattia infettiva di origine virale. Durante i mesi invernali, ogni anno ci troviamo a far fronte ad una vera e propria epidemia di influenza. I soggetti più a rischio, a causa delle possibili complicanze, restano anziani e bambini ma l'influenza resta, a livello generale, un problema di sanità pubblica con un forte impatto dal punto di vista epidemiologico, clinico ed economico. Nel 2018 in Italia sono state ben 2.880.000 le persone colpite da influenza. Grazie al suo noto potere immunoregolatore, la vitamina D svolge un efficace attività protettiva agendo sul nostro sistema immunitario mettendolo in uno stato di maggiore efficenza.

• Una ricerca svolta dalla Jikei University School of Medicine, pubblicato nel 2010, ha dimostrato come un'adeguata supplementazione di vitamina D possa prevenire l'influenza stagionale in bambini in età scolare. I ricercatori hanno condotto uno studio a doppio cieco su 167 bambini a cui è stata somministrata (da Dicembre 2008 a Marzo 2008) una dose di vitamina D pari a 1200 UI al giorno, comparando i risultati con un gruppo di controllo dello stesso numero che aveva ricevuto un placebo. Al termine dello studio 18 bambini su 167 del gruppo che aveva assunto vitamina D aveva contratto l'influenza, contro i 31 su 167 del gruppo che aveva assunto il placebo. Inoltre è emerso che nei soggetti asmatici solo 2 bambini avevano avuto un attacco tra quelli che avevano assunto integratori, contro i 12 del gruppo di controllo.

COMPLICAZIONI DURANTE LA GRAVIDANZA

Secondo le ultime evidenze un adeguato livello di vitamina D nel sangue durante la gravidanza, può contribuire a ridurre notevolmente alcune complicanze legate alla gravidanza quali diabete gestazionale, nascita prematura e infezioni.

• Uno studio randomizzato condotto nel 2011 dell'Università della South Carolina ha coinvolto circa 500 donne. Sono stati formati 3 gruppi per 3 differenti dosaggi di somministrazione giornaliera a partire dal terzo o quarto mese di gestazione fino al parto: 400 UI, 2000 UI, 4000 UI. I risultati hanno mostrato che le donne che avevano assunto 4000 UI/giorno di vitamina D avevano il tasso più basso di complicanze legate alla gravidanza. Rispetto al gruppo che aveva assunto 400 UI/giorno avevano infatti avuto la metà della probabilità di sviluppare diabete gestazionale, pressione alta della gravidanza, preeclampsia e parto prematuro. Nessuna delle donne che aveva ricevuto una supplementazione di 4000 UI aveva avuto particolari effetti collaterali.

8 LA VITAMINA D E I BAMBINI

Le ultime ricerche hanno fatto emergere un dato quantomeno preoccupante: sei bambini su 10 sono carenti di vitamina D. Questo dato è chiaramente lo specchio delle abitudini e dello stile di vita dei nostri bambini che trascorrono troppe ore al chiuso e che preferiscono lo schermo del computer o della TV al gioco all'aria aperta con gli amici. Come abbiamo visto la produzione di vitamina D è fortemente legata all'esposizione alla luce solare, ed è quindi normale vedere il suo livello calare drasticamente se non riusciamo ad assicurare ai bambini, almeno nel periodo primaverile-estivo, un' adeguata esposizione al sole.

La vitamina D riveste un ruolo fondamentale nella salute e nella sviluppo dei bambini. Regola infatti il metabolismo del calcio e del fosforo influenzandone l'assorbimento a livello intestinale; questo permette quindi la normale attività di rimodellamento e sviluppo dello scheletro. Una grave carenza di vitamina D nei bambini può portare a rachitismo, una malattia causata dalla non corretta mineralizzazione del tessuto osseo che porta ad un mancato sviluppo dello scheletro. Già nella prima metà del secolo scorso era solito dare ai bambini olio di fegato di merluzzo, ricco di vitamina D, per prevenire la comparsa di questa malattia. Non va dimenticato che il fabbisogno di vitamina D in un bambino è elevato e costante in quanto lo scheletro è in continua fase di crescita. Una grave carenza in questo preciso momento di sviluppo può portare gravi anomalie, in alcuni casi non correggibili.

Oltre ai noti effetti sullo sviluppo scheletrico la vitamina D possiede altre importanti proprietà che si rivelano fondamentali in età pediatrica: ha infatti il compito di mantenere efficiente il sistema immunitario, di regolare il sistema nervoso ed il sistema cardiovascolare, oltre ad abbassare il rischio di comparsa di patologie autoimmuni come il diabete di tipo 1.

Particolare attenzione va posta quando si parla di allattamento al seno. I neonati hanno infatti bisogno di una quantità di vitamina D che può variare dalle 400UI alle 500 UI al giorno, mentre il latte materno ne contiene mediamente una quantità che si aggira intorno alle 60 UI per litro proprio a causa di una carenza da parte delle madri.

Uno studio condotto dai ricercatori della Medical University del South Carolina e pubblicato sulla rivista Pediatrics ha evidenziato questo problema seguendo 334 madri a cui sono stati somministrati durante l'allattamento diversi dosaggi di vitamina d: 400 UI, 2400 UI, 6400 UI. Le analisi hanno dimostrato che i neonati allattati da madri che avevano ricevuto supplementazioni da 400 e 2400 UI avevano una maggiore probabilità di carenza rispetto a coloro che ne avevano ricevute 6400. Inoltre, durante l'allattamento, le concentrazioni di vitamina D erano diminuite nel sangue delle donne che avevano ricevuto 400UI mentre erano cresciute o rimaste invariate a dosaggi più elevati. E' interessante notare che le concentrazioni di vitamina D nel sangue dei neonati allattati da madri che avevano ricevuto 6400 UI era simile a quelli di neonati che avevano ricevuto una supplementazione per via orale pari a 400 UI. Questo punto è particolarmente importante in quanto apre la strada ad una reale alternativa all'integrazione diretta del neonato. I ricercatori sottolineano che nessuna delle donne coinvolte nello studio ha segnalato particolari effetti collaterali.

Ma vediamo quali dovrebbero essere i dosaggi corretti e sicuri per poter garantire ai nostri bambini il giusto apporto di vitamina D:

- Da 0 a 1 anno: 400-500 UI
- Da 1 a 2 anni: 500-600 UI
- Oltre i 2 anni: 400-500 UI (nel periodo che va da Settembre a Maggio).

A partire dal secondo anno di età durante l'Estate sarebbe opportuno prevedere un'esposizione graduale ed attenta alla luce solare.

In caso di carenza, e in accordo con il medico pediatra, la supplementazione resta quindi un opportunità importante, sicura e fortemente raccomandata anche nei bambini. Ma quale tipo di integratore preferire? Fondamentalmente in commercio esistono soluzioni in compresse ed in gocce (generalmente composte da olio vegetale e vitamina D). Nell'utilizzo pediatrico, e sempre dietro prescrizione medica, è preferibile optare per le gocce, sia per facilità di somministrazione sia per evitare l'assunzione da parte del neonato degli inutili eccipienti presenti all'interno delle compresse. Generalmente i preparati in gocce sono muniti di contagocce ed ogni singola goccia contiene circa 400 UI (controlla comunque quanto riportato sul bugiardino). Il consiglio è quello di non mischiare le gocce nel cibo o in acqua ma di metterle su di un cucchiaio o sul ciuccio in modo da assicurarti che il bambino assuma tutta la vitamina D senza inutili perdite.

Abbiamo visto nei capitoli precedenti quanto sia importante associare alla vitamina D l'assunzione di vitamina K. Ma questa raccomandazione è valida anche nell'utilizzo pediatrico? La risposta è: assolutamente si! La vitamina K2 interagisce strettamente con la vitamina D anche nei bambini e quindi resta un importante alleato per beneficiare a pieno degli effetti di questo ormone. Uno studio olandese del 2009 ha evidenziato che una leggera supplementazione di 45mg di vitamina K2 in bambini tra i 6 e i 10 anni ha un effetto stimolante nei confronti dell'osteocalcina con conseguente miglioramento del metabolismo delle ossa. Esistono in commercio prodotti senza additivi formulati appositamente per bambini che associano i due elementi nelle giuste proporzioni. Chiedi consiglio al tuo pediatra.

Ti starai chiedendo se integrare la dieta del tuo bambino con vitamina D possa portare effetti collaterali. Bene, sappi che la vitamina D non ha alcun effetto collaterale se somministrata nelle giuste dosi e seguendo le prescrizioni del proprio medico. Si è visto che solo assunzioni protratte nel lungo termine con dosaggi pari a 2000 UI hanno dato disturbi come diarrea, sudorazione abbondante e minzione frequente in neonati o bambini molto piccoli, mentre si sono registrati sintomi gravi con dosaggi oltre le 10000 UI protratti per lunghi periodi. E' quindi importante attenerti ai dosaggi consigliati dal medico e dalle linee guida. In questo modo il tuo bambino non avrà alcun disturbo e potrà beneficiare a pieno delle straordinarie proprietà di questa fondamentale sostanza.

E' veramente importante comprendere fino in fondo l'importanza e il ruolo cruciale che la vitamina D riveste nella salute dei bambini. In fase di crescita il suo giusto apporto risulta essere determinante per il corretto sviluppo dello scheletro e per proteggere l'organismo in modo efficace. Medici pediatri, ostetriche, nutrizionisti ormai concordano nel consigliare una corretta integrazione di vitamina D nei bambini. Avere a disposizione in modo costante una buona scorta di vitamina D nei primi anni di vita impedisce non solo la comparsa del rachitismo, ma ci aiuta a garantire ai nostri bambini la giusta protezione da molte patologie infantili e dell'età adulta.

9 LE 7 REGOLE D'ORO

1. FAI GLI ESAMI DEL SANGUE
Prima di iniziare un'integrazione di Vitamina D è assolutamente necessario effettuare degli esami del sangue. Gli esami consigliati sono: dosaggio della vitamina d 25 (OH)D, Calcemia e Paratormone (PTH). Ripeti gli esami ogni 3-4 mesi.

2. RAGGIUNGI I LIVELLI OTTIMALI DI VITAMINA D
Ricorda che una persona sana dovrebbe avere una concentrazione ematica di vitamina D pari a 60-70 ng/ml, in caso di patologie autoimmuni sarebbe meglio riuscire ad attestarsi intorno agli 80 ng/ml. La calcemia deve restare nel range di normalità. Il PTH dovrebbe essere nel range, preferibilmente sbilanciato verso il livello minimo.

3. UTILIZZA GLI INTEGRATORI DI VITAMINA D
Fai una giusta integrazione utilizzando prodotti di qualità. Con livelli di vitamina D nel sangue sotto i 10 ng/ml utilizza quotidianamente integratori da

10000 UI fino al raggiungimento del livello di 60-70 ng/ml, poi passa ad un integrazione di 5000 UI/ giorno. Con livelli di partenza superiori ai 15 ng/ml inizia direttamente con l'integrazione da 5000 UI/ giorno.

4. UTILIZZA VITAMINA K E MAGNESIO
Ricordati di abbinare alla Vitamina D sia la vitamina K2 che il Magnesio. Il dosaggio quotidiano consigliato di vitamina k2mk7 è pari a 180 mg. Quello del magnesio è di 300-400 mg.

5. DISTANZIA L'ASSUNZIONE DI VITAMINA D E K
Vitamina D e Vitamina K2 sono entrambe sostanze liposolubili (si sciolgono a contatto con i grassi) ed utilizzano i medesimi canali di assorbimento. Per fare in modo che il loro apporto al nostro organismo sia completo, è opportuno distanziare l'assunzione di queste due sostanze di almeno 7-8 ore.

6. PRENDI IL SOLE
Il sole è la fonte più naturale di vitamina D. Il nostro organismo è stato progettato per utilizzare l'irradiazione solare a nostro vantaggio. Cerca di prendere il sole appena ne hai l'occasione nel periodo che va da Aprile ad Ottobre. In estate esponiti gradualmente, iniziando con 15 minuti al giorno, evitando le scottature, per poi aumentare progressivamente. Non utilizzare creme solari. Cerca di prediligere le ore centrali, quando la produzione di raggi UVB è maggiore.

7. CONTINUA AD INFORMARTI

Non smettere mai di cercare informazioni che possono contribuire a migliorare il tuo benessere. Cerca sempre fonti attendibili.

CONCLUSIONE

Siamo giunti alla conclusione di questo breve viaggio tra le virtù della vitamina D. Spero sia stato per te un percorso piacevole e ricco di sorprese. Facendo tue le informazioni che hai trovato in questo libro potrai sperimentare su te stesso i grandi benefici che può donare la vitamina D al nostro corpo.

Presto potrai iniziare a valutare tu stesso i giovamenti che un' integrazione consapevole può apportare al tuo fisico. Ho utilizzato il termine "consapevole" perché attraverso questo tipo di approccio alla tua salute inevitabilmente inizierai a riflettere su ciò che stai assumendo e sugli effetti che questo può comportare sul tuo organismo. Troppo spesso siamo abituati a trascurare questo aspetto: utilizziamo medicinali e ingeriamo alimenti senza avere la minima idea di quali siano i meccanismi che andiamo ad attivare. Arrivato a questo punto sono sicuro che nel momento che assumerai un integratore di vitamina D saprai perfettamente perché lo stai facendo.

Probabilmente inizierai a prestare maggiore attenzione ai segnali che ti invierà il tuo corpo. E sono sicuro che presto inizierai a percepire dei miglioramento sotto moltissimi punti di vista. Gioisci di questi risultati, perché sono il frutto dell'impegno che avrai messo nel fare qualcosa di costruttivo, utilizzando la tua testa e le informazioni ora in tuo possesso. Quello che hai trovato scritto in questo libro è il frutto di una ricerca tra studi clinici, articoli scientifici, report di conferenze, ecc. Si tratta di materiale a disposizione di tutti, il problema è che si tratta di dati non sempre di facile reperibilità, perché si perdono nel mare di un'informazione generalista, troppo spesso alla ricerca di click facili o ancorata a concetti ormai superati ma ancora largamente condivisi.

L'importante è non smettere mai di essere curiosi. Le informazioni ci sono, sono solo da cercare. Lo so, può essere faticoso, ma la ricompensa sarà grande. Ci sono migliaia di studi clinici realizzati da medici e ricercatori che quotidianamente lavorano per portare avanti il progresso e la conoscenza in campo scientifico. I risultati dei loro sforzi sono puntualmente resi pubblici, ma non arrivano quasi mai al grande pubblico. A titolo di esempio puoi dare uno sguardo al sito di Pub Med . Si tratta di un motore di ricerca gratuito basato sul database Medline di letteratura Scientifica e Biomedica dal 1949 ad oggi. Pub Med contiene oltre 24 milioni di riferimenti bibliografici derivati da 5300 periodici biomedici. Si tratta di una fonte preziosissima in cui è possibile accedere gratuitamente a tutti i più recenti studi in campo medico.

Dobbiamo imparare a tenere gli occhi e la mente aperta, perché non sempre quello che ci viene mostrato dalla TV e sui maggiori giornali corrisponde alla realtà. Non dobbiamo pensare che più è ampio il bacino di utenza di un mass media e maggiore sarà la sua autorevolezza. Potrebbe essere vero il contrario. L'importante è ricordarsi di saper dubitare, indagare e ricercare sempre la verità.

Grazie per aver dedicato il tuo tempo alla lettura di questo libro.

Se hai voglia lascia una recensione, sarebbe per me molto importante.

A presto
Oscar Mazzoleni

www.ingramcontent.com/pod-product-compliance
Lightning Source LLC
Chambersburg PA
CBHW071222220526
45468CB00002B/700